柞蚕丝染色整理及综合利用

程德红 / 著

ZUOCANSI RANSE ZHENGLI JI ZONGHE LIYONG

中国纺织出版社

内 容 提 要

《柞蚕丝染色整理及综合利用》系统介绍了丝胶蛋白的提取工艺技术及以丝胶蛋白作为纺丝原料的应用，并对柞蚕丝的染色和功能整理技术进行了说明；详细叙述了以离子液体金属配合物萃取丝胶蛋白的萃取分离工艺、丝胶蛋白静电纺丝工艺，建立了丝胶蛋白回收及再利用的新方法。同时，用天然染料黄连素染色柞蚕丝，解决了天然染料染色牢度问题，并以离子液体金属配合物作为功能助剂，获得了具有抗紫外、抗静电、抗菌等多种功能的柞蚕丝织物。

本书可供轻化工程（染整）相关专业人员从事研究、开发的参考资料，也可供化学、化工相关院校的教师、学生作为学习、参考书使用。

图书在版编目（CIP）数据

柞蚕丝染色整理及综合利用/程德红著. --北京：中国纺织出版社，2019.4
ISBN 978-7-5180-5465-7

I. ①柞… II. ①程… III. ①柞蚕丝-染色（纺织品）-研究 IV. ①TS193

中国版本图书馆 CIP 数据核字（2018）第 229978 号

策划编辑：孔会云　　责任编辑：沈　靖　　责任校对：王花妮
责任印制：何　建

中国纺织出版社出版发行
地址：北京市朝阳区百子湾东里 A407 号楼　邮政编码：100124
销售电话：010—67004422　传真：010—87155801
http://www.c-textilep.com
E-mail：faxing@ c-textilep.com
中国纺织出版社天猫旗舰店
官方微博 http://weibo.com/2119887771
北京玺诚印务有限公司印刷　各地新华书店经销
2019 年 4 月第 1 版第 1 次印刷
开本：710×1000　1/16　印张：9.5
字数：120 千字　定价：88.00 元

前　言

丝胶蛋白是一种含有多种多肽的球状蛋白，具有易溶、吸水、凝胶化、可改性和抗氧化等特性，在化妆品、食品、医药和生物等方面具有良好的开发潜能。在传统的丝绸行业中，丝胶蛋白随废水一起排放，但近几年来，随着人们对丝胶蛋白结构、性质和功能的深入了解，及环保意识的进一步加强，丝胶蛋白越来越被大众所接受。

我国是世界上最早养蚕、种桑、织绸、缫丝的国家之一，到目前为止已经延续了六千年的悠久历史。在众多纺织面料中，蚕丝是高档纺织面料之一，近几年来，高档家庭用品和高级装饰品很多采用柞蚕丝。然而，蚕丝中除了纤维的主体丝素外，还含有丝胶、脂蜡、色素、无机物和碳水化合物等天然杂质，以及因织造所需添加的浸渍助剂、为识别捻向所用的着色剂和操作中沾染的油污等人为杂质。这些杂质的存在不仅有损于丝绸柔软、光亮和洁白等优良品质，而且还会妨碍染色、印花和整理等后加工。

作者多年来以绿色溶剂离子液体作为新型溶剂，应用于柞蚕丝脱胶、染色整理，通过系列研究，积累了大量的实验数据，在此基础上，对丝胶蛋白的提取分离方法、纺丝应用技术及柞蚕丝染色整理等进行了系统的梳理并整合成书，希望能对从事轻化工程（染整）相关专业人员的研究、开发工作提供参考。

本书主要包括以下九个方面内容。

一是离子液体金属配合物制备及表征。研究了离子液体分子结构、种类及离子液体用量配比、反应时间、金属配体等影响因素，并对制备的离子液体金属配合物进行了红外、XPS、XRD 等光谱分析。

二是离子液体金属配合物吸附丝胶蛋白研究。研究了离子液体铁配合物吸附丝胶蛋白的吸附工艺，考察了离子液体铁配合物用量、吸附时间、吸附温度、pH 等对丝胶蛋白吸附效率的影响。

三是两步交联法 Ag-SS/PEO 纳米纤维制备及抗菌性能研究。研究了两步交联法制备丝胶蛋白工艺，考察了交联剂用量、纺丝电压、交联载银的纺丝工艺，并对制得的纳米纤维进行了抗菌测试分析。

四是丝胶蛋白/PEO/AgNO₃ 纳米纤维制备及抗菌性能研究。研究了丝胶蛋白纺丝工艺，并对纺丝纤维形态进行了分析。考察了不同硝酸银用量、纺丝电压条件下纤维的形态。采用纳米粒度仪测试不同条件下的丝胶蛋白载银溶液稳定性，并对纺丝后制备的纳米纤维膜的抗菌性能进行了分析。

五是离子液体作为功能助剂用于柞蚕丝脱胶研究。研究了离子液体作为助剂脱胶柞蚕丝的脱胶工艺，考察了离子液体种类、结构、用量、pH 等因素对柞蚕丝脱胶率、白度、断裂强度的影响，并对脱胶后的柞蚕丝的染色性能进行了分析。

六是离子液体作为功能助剂用于蚕丝染色研究。研究了离子液体作为助剂对蚕丝染色性能的影响，考察了离子液体种类、用量对蚕丝的上染率、K/S 值、断裂强力、耐摩擦色牢度等性能的影响，建立了一种绿色蚕丝染色新方法。

七是天然阳离子染料黄连素染色柞蚕丝性能研究。研究了黄连素染色柞蚕丝的染色性能，考察了染料用量、漂白粉用量、盐酸用量对柞蚕丝 K/S 值、色牢度的影响，结果表明，黄连素染色后的柞蚕丝具有良好的耐洗性能。

八是柞蚕丝纤维负离子远红外整理工艺及性能研究。研究了负离子远红外整理剂配方对柞蚕丝负离子发生量的影响，考察了负离子整理剂、水溶性电石粉、甲壳素、柔软剂、渗透剂等用量对负离子发生量的影响，并对整理后的柞蚕丝进行了抗静电、空气净化测试。

　　九是中药提取物整理柞蚕丝工艺研究。研究了不同中药提取物整理柞蚕丝工艺及性能。考察了黄柏提取物、银杏叶提取物、黄连提取物、薄荷提取物、金银花提取物染色柞蚕丝的染色工艺，并对水凝胶处理后的柞蚕丝的染色性能进行了分析。

　　本书的研究和编写得到了辽东学院化学工程学院、辽宁省功能纺织材料重点实验室的大力支持，特别感谢辽东学院化学工程学院路艳华教授、林杰副教授的支持和指导，同时还要感谢辽东学院化学工程学院卢声、郝旭、李佳、王勃翔等教师和轻化工程专业孙成博、张霞、马玢、景显东等同学的支持和帮助。本书的出版工作得到辽宁省功能纺织材料重点实验室、辽东学院化学工程专业硕建点、学科专业群、国家自然科学基金（NO.51873084）等项目的大力支持。此外，本书还参考了大量国内外有关丝胶蛋白、柞蚕丝、离子液体等方面的文献资料，衷心感谢国内外同仁所做的工作。

　　由于作者水平有限，书中难免存在疏漏和不妥之处，敬请同行和专家批评指正。

程德红

2018 年 6 月

目　　录

第一章　离子液体金属配合物制备及表征 ………………………………… 1

第一节　离子液体金属配合物概述 ………………………………… 1

第二节　离子液体金属配合物合成制备工艺 ……………………… 1

　一、实验仪器、试剂 ……………………………………………… 1

　二、离子液体铁配合物合成制备工艺 …………………………… 2

第三节　反应物配比用量对离子液体配合物产量的影响 ………… 6

　一、1-丁基-3-甲基咪唑溴代盐和氯化亚铁配比对产量的影响 … 6

　二、1-辛基-3-甲基咪唑溴代盐和氯化亚铁配比对产量的影响 … 7

　三、1-异丙基-3-甲基咪唑溴代盐和氯化亚铁配比对产量的影响 … 7

　四、1-异丙基-3-乙基咪唑溴代盐和硫酸亚铁配比对产量的影响 … 8

　五、1-丁基-3-乙基咪唑溴代盐和硫酸亚铁配比对产量的影响 … 9

　六、1-辛基-3-乙基咪唑溴代盐和硫酸亚铁配比对产量的影响 … 10

　七、1-丁基-3-乙基咪唑氯代盐和硫酸亚铁配比对产量的影响 … 11

　八、温度对乙基咪唑离子液体铁配合物一次产率的影响 ……… 13

第四节　离子液体铁配合物表征分析 …………………………… 13

　一、XPS 表征分析 ……………………………………………… 13

　二、XRD 表征分析 ……………………………………………… 15

　小结 ……………………………………………………………… 16

第二章　离子液体金属配合物吸附丝胶蛋白研究 …………………… 18

第一节　丝胶蛋白概述 …………………………………………… 18

第二节　丝胶蛋白吸附工艺 ……………………………………… 18

　一、实验部分 …………………………………………………… 18

　二、吸附实验操作 ……………………………………………… 19

第三节　吸附丝胶蛋白的结果分析 ………………………………… 21

一、丝胶蛋白溶液的吸光度标准曲线绘制 …………………… 21

二、丝胶蛋白吸附率的影响分析 ……………………………… 22

三、丝胶蛋白的解吸结果分析 ………………………………… 27

小结 …………………………………………………………………… 28

参考文献 ……………………………………………………………… 28

第三章　两步交联法 Ag-SS/PEO 纳米纤维制备及抗菌性能研究 …… 30

第一节　概述 ………………………………………………………… 30

一、丝胶蛋白 ………………………………………………… 30

二、聚氧化乙烯 ……………………………………………… 31

第二节　交联法 Ag-SS/PEO 纳米纤维制备工艺 ………………… 32

一、实验仪器、试剂 ………………………………………… 32

二、实验操作工艺 …………………………………………… 32

第三节　Ag-SS/PEO 纳米纤维制备工艺结果讨论及分析 ……… 33

一、丝胶纺丝溶液戊二醛浓度的确定 ……………………… 33

二、丝胶溶液静电纺丝电压的确定 ………………………… 36

三、两步交联法载银 ………………………………………… 37

四、纳米纤维膜抗菌性能分析 ……………………………… 38

小结 …………………………………………………………………… 38

参考文献 ……………………………………………………………… 38

第四章　丝胶蛋白/PEO/AgNO$_3$ 纳米纤维制备及抗菌性能研究 …… 40

第一节　概述 ………………………………………………………… 40

一、纳米纤维 ………………………………………………… 40

二、静电纺丝 ………………………………………………… 40

第二节　丝胶蛋白/PEO/AgNO$_3$ 纳米纤维制备工艺 …………… 42

一、实验仪器、试剂 ………………………………………… 42

二、实验操作 ………………………………………………… 43

第三节　丝胶蛋白/PEO/AgNO₃纳米纤维性能研究 ………… 45

　　一、静电纺丝纤维形态分析 ………………………… 45

　　二、丝胶蛋白载银溶液稳定性分析 ………………… 49

　　三、纳米纤维膜抗菌性分析 ………………………… 54

　小结 ………………………………………………………… 54

　参考文献 …………………………………………………… 54

第五章　离子液体作为功能助剂用于柞蚕丝脱胶研究 ……… 56

　第一节　概述 ……………………………………………… 56

　第二节　离子液体作为助剂脱胶柞蚕丝工艺 …………… 57

　　一、实验仪器及试剂 ……………………………… 57

　　二、实验操作工艺 ………………………………… 58

　第三节　离子液体作为助剂脱胶柞蚕丝结果及分析 …… 60

　　一、离子液体用量对柞蚕丝脱胶性能的影响 …… 60

　　二、溶液 pH 对柞蚕丝脱胶性能的影响 ………… 63

　　三、不同烷基侧链离子液体的柞蚕丝脱胶性能分析 … 66

　　四、不同阴离子离子液体的柞蚕丝脱胶性能分析 … 67

　　五、皂碱法与离子液体处理未脱胶柞蚕丝的实验对比 … 68

　　六、离子液体脱胶柞蚕丝的染色性能 …………… 70

　小结 ………………………………………………………… 71

　参考文献 …………………………………………………… 72

第六章　离子液体作为功能助剂用于蚕丝染色研究 ………… 75

　第一节　离子液体概述 …………………………………… 75

　　一、离子液体的制备 ……………………………… 75

　　二、前景展望 ……………………………………… 76

　第二节　离子液体在蚕丝染色中的染色方法及工艺 …… 77

　　一、实验仪器、试剂 ……………………………… 77

　　二、实验部分 ……………………………………… 78

第三节　离子液体染色蚕丝性能分析 ………………………………… 81

一、各种离子液体对蚕丝染色性能的影响 …………………………… 81

二、对比每种离子液体对蚕丝染色性能的分析 ……………………… 90

小结 ……………………………………………………………………… 93

参考文献 ………………………………………………………………… 94

第七章　天然阳离子染料黄连素染色柞蚕丝性能研究 ………………… 96

第一节　概述 …………………………………………………………… 96

一、天然染料 …………………………………………………………… 96

二、蚕丝纤维天然染料染色 …………………………………………… 97

第二节　天然染料黄连素染色柞蚕丝工艺 …………………………… 98

一、实验仪器及试剂 …………………………………………………… 98

二、黄连素染色工艺 …………………………………………………… 98

三、染色性能测试 ……………………………………………………… 100

第三节　黄连素染色柞蚕丝织物性能分析 …………………………… 103

一、不同染料浓度染色性能分析 ……………………………………… 103

二、不同漂白粉用量染色性能分析 …………………………………… 103

三、不同盐酸用量染色性能分析 ……………………………………… 104

四、耐洗色牢度分析 …………………………………………………… 105

五、耐摩擦色牢度分析 ………………………………………………… 105

六、色深值结果分析 …………………………………………………… 106

小结 ……………………………………………………………………… 108

参考文献 ………………………………………………………………… 108

第八章　柞蚕丝纤维负离子远红外整理工艺及性能研究 ……………… 110

第一节　负氧离子远红外概述 ………………………………………… 110

一、负氧离子简介 ……………………………………………………… 110

二、远红外简介 ………………………………………………………… 111

三、负离子整理剂反应原理 …………………………………………… 112

第二节　负离子远红外整理柞蚕丝纤维工艺 ……………………………… 112

一、实验仪器及试剂 ………………………………………………… 112

二、负离子远红外整理配方及工艺 ………………………………… 112

第三节　负离子远红外整理柞蚕丝性能分析 …………………………… 114

一、各种助剂对负离子发生量的影响 ……………………………… 114

二、整理工艺条件分析 ……………………………………………… 117

三、负离子远红外整理柞蚕丝抗静电性能分析 …………………… 118

四、负离子净化空气测试分析 ……………………………………… 119

小结 ………………………………………………………………………… 120

参考文献 …………………………………………………………………… 121

第九章　中药提取物整理柞蚕丝工艺研究 ……………………………… 123

第一节　中药提取物概述 ………………………………………………… 123

一、提取物成分结构 ………………………………………………… 123

二、作用功能 ………………………………………………………… 124

三、中药提取物染整应用 …………………………………………… 124

第二节　中药提取物染色柞蚕丝工艺 …………………………………… 125

一、实验药品及仪器 ………………………………………………… 125

二、染色工艺 ………………………………………………………… 125

第三节　中药提取物整理柞蚕丝性能分析 ……………………………… 126

一、不同 pH 条件下中药提取物对柞蚕丝的染色性能影响 ……… 126

二、不同酸/碱用量中药提取物对柞蚕丝的染色性能影响 ……… 128

三、不同中药提取物染液浓度对柞蚕丝的染色性能影响 ………… 131

四、不同渗透剂用量对柞蚕丝的染色性能影响 …………………… 133

五、水凝胶整理柞蚕丝纤维性能分析 ……………………………… 136

小结 ………………………………………………………………………… 138

参考文献 …………………………………………………………………… 138

第一章　离子液体金属配合物制备及表征

第一节　离子液体金属配合物概述

　　自 1951 年 Wilkinson 和 Fishe 合成制备二茂铁咪唑化合物，离子液体作为配位配体与金属离子形成离子液体金属配合物研究逐渐显现，但总体研究相对较少，这主要是由于离子液体的基本物理性质、化学性质是由其结构决定的，离子液体与金属的配位完全改变了离子液体的结构和性质。相关学者对离子液体配合物的结构与性能的研究也在不断地创新，苯并咪唑与 Co（II）配位形成六配位网状结构，离子液体、联吡啶与 Cd（II）形成了一种由吡啶作为桥梁的层状结构。

　　离子液体金属配合物在催化有机合成、材料化学等领域也被广泛应用，以离子液体金属配合物作为导电介质可用于电化学。尤其是以过渡金属 Zn、Fe、Cu 等作为催化剂使用时，离子液体金属配合物可实现均相催化。

　　本章节以离子液体作为配体，制备羟基化咪唑离子液体铁配合物，探索了配合物制备工艺，考察了离子液体种类、结构、用量等因素对离子液体金属配合物结构、产率的影响，并通过 XPS、FT-IR 光谱测定，对离子液体结构进行了分析表征。

第二节　离子液体金属配合物合成制备工艺

一、实验仪器、试剂

1. 实验仪器（表 1.1）

表 1.1　实验仪器表

名称	规格	厂家
紫外—可见分光光度计	ZF-20D	北京普析通用仪器有限公司

名称	规格	厂家
红外光谱仪	Spectrum100 型	美国 PE 公司
X 射线光电子能谱仪	PHI QuanteraII	日本 ULVAC-PHI 公司
玻璃仪器气流烘干器	KQ-C 型	巩义市予华仪器有限责任公司
电子天平	AB-204S 精密度 0.0001g	梅特勒—托利多仪器有限公司
真空干燥箱	DZF-1B 型	上海跃进医疗器械厂
离心沉淀器	800 型	上海手术器械厂
恒温水浴锅	HH-6 型	国华电器有限公司
搅拌器	JJ-1200W	江苏金坛市环宇科学仪器厂

2. 实验试剂（表1.2）

表 1.2　实验试剂表

名称	规格	厂家
氢氧化钠	分析纯	沈阳市新化试剂厂
乙酸乙酯	分析纯	天津市富宇化工有限公司
氯化亚铁	分析纯	天津市大茂化学试剂厂
N-甲基咪唑	化学纯	临海市凯乐化工厂
溴代正丁烷	化学纯	国药集团化学试剂有限公司
溴代正辛烷	化学纯	国药集团化学试剂有限公司
溴代异丙烷	化学纯	国药集团化学试剂有限公司

二、离子液体铁配合物合成制备工艺

将 N-甲基咪唑分别和溴代正丁烷、溴代正辛烷、溴代异丙烷混合，生成咪唑基离子液体，然后把生成的液体和氯化亚铁以不同配比进行反应，得出最佳的药品配比。将氯化亚铁配合物溶于去离子水中，再向其中加入不同量的氢氧化钠，生成羟基离子液体配合物。最后用去离子水洗涤配合物，测定表征。

1. 甲基咪唑离子液体合成制备

（1）1-丁基-3-甲基咪唑溴代盐合成（图 1.1）。

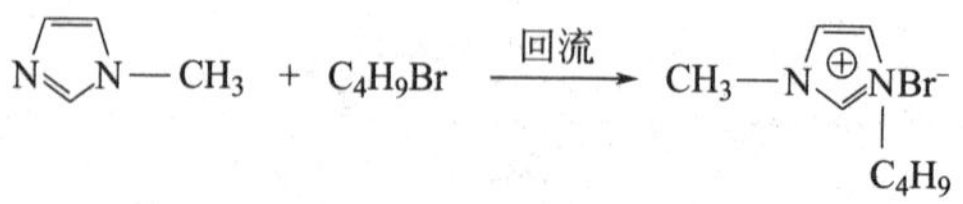

$$\underset{N}{\overset{N}{\diagup}}N—CH_3 \ + \ C_4H_9Br \ \xrightarrow{\text{回流}} \ CH_3—\overset{N}{\underset{\underset{C_4H_9}{|}}{\diagup}}\overset{\oplus}{N}Br^-$$

图 1.1　1-丁基-3-甲基咪唑溴代盐合成示意图

操作：用量筒量取 37.5mL 甲基咪唑倒入三颈瓶中，然后再量取 50mL 溴代正丁烷缓慢倒入装有甲基咪唑的三颈瓶中，把三颈瓶放在水浴锅中，启动搅拌器，设定转数为 300r/min。为防止反应过于剧烈而发生喷射现象，先调整水浴锅温度为 40℃，每过 10min 将温度升高 10℃，直到水浴锅温度为 80℃，待反应 30h 后停止水浴锅和搅拌器，收集液体。

（2）1-辛基-3-甲基咪唑溴代盐合成（图 1.2）。

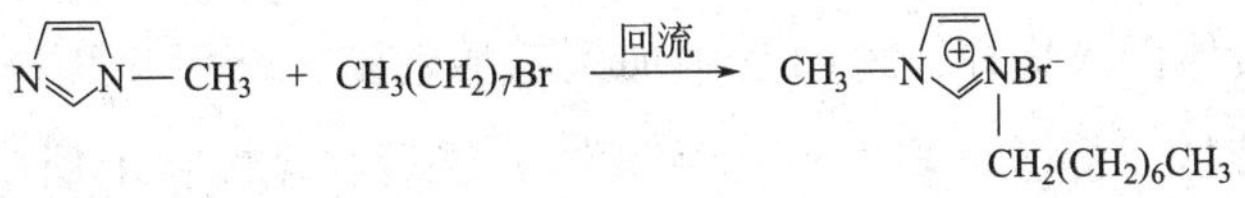

图 1.2 1-辛基-3-甲基咪唑溴代盐合成示意图

操作：用量筒量取 23mL 甲基咪唑倒入三颈瓶中，然后再量取 50mL 溴代正辛烷缓慢倒入装有甲基咪唑的三颈瓶中，剩余步骤与 1-丁基-3-甲基咪唑溴代盐合成相同。

（3）1-异丙基-3-甲基咪唑溴代盐合成（图 1.3）

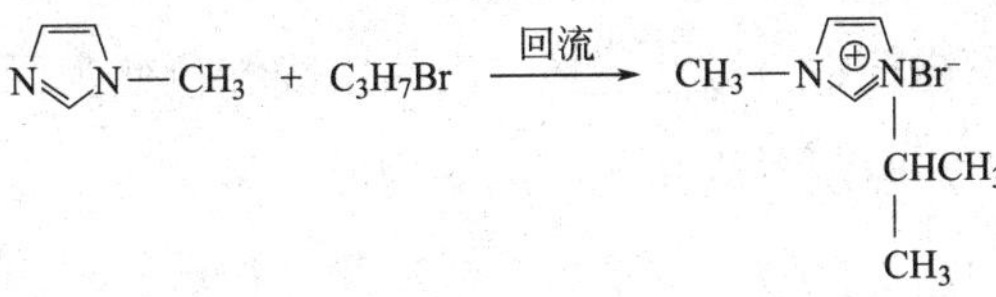

图 1.3 1-异丙基-3-甲基咪唑溴代盐合成示意图

操作：用量筒量取 43mL 甲基咪唑倒入三颈瓶中，然后再量取 50mL 溴代异丙烷缓慢倒入装有甲基咪唑的三颈瓶中，剩余步骤与 1-丁基-3-甲基咪唑溴代盐合成相同。

2. 乙基咪唑离子液体合成制备

（1）1-异丙基-3-乙基咪唑溴代盐的合成。

操作：通过物质的量的比计算出溴代异丙烷与 N-乙基咪唑的体积比（溴代异丙烷稍过量一些），用量筒分别取出一定量溴代异丙烷与 N-乙基咪唑倒入三颈瓶中，组装好仪器后把三颈瓶放在水浴锅中，启动搅拌器。刚开始水浴锅设定温度为

40℃，待反应半小时后将温度上升到80℃，搅拌器的转数为300r/min。之后记录时间共反应30h，30h后收集液体，将得到的离子液体放入烧杯，在通风厨中与一定量的乙酸乙酯混合、搅拌、静置10min后，将分层的上层液体倒入废液瓶中，重复此步骤3次后，将得到的液体放在80℃的烘箱中1h，之后取出液体，保存。

（2）1-丁基-3-乙基咪唑溴代盐、1-辛基-3-乙基咪唑溴代盐、1-丁基-3-乙基咪唑氯代盐合成工艺同上。

3. 离子液体的洗涤

将生成的液体倒入烧杯，再向其中加入乙酸乙酯，然后将烧杯放入通风橱中，用玻璃棒搅拌液体，静置一段时间，待液体分层后，缓慢将上层清液倒入废液瓶中。重复此操作3次，最后将烧杯中洗涤好的离子液体倒入细口瓶中保存，以供以后的实验使用。

4. 离子液体铁配合物制备工艺

（1）反应物配比对甲基咪唑离子液体铁配合物产率的影响。

操作：用电子天平称取5份质量分别为9.95g、14.93g、19.90g、24.88g、29.85g的氯化亚铁四水合物（$FeCl_2 \cdot 4H_2O$）固体，然后将固体溶于5个装有200mL去离子水的烧杯中，用玻璃棒搅拌，直至固体全部溶解。把烧杯贴好标签，将合成好的离子液体按照不同比例加入烧杯中，振荡烧杯，液体由浅绿色变为深绿色，把烧杯放入通风橱中进行反应。每天定时观察烧杯底部固体物质的量，待不再明显增多时，倒出上层溶液于同一废液瓶中贴好标签，将下层浑浊液体进行离心沉淀，最后将装有固体的塑料离心管放入真空干燥箱进行干燥，用电子天平准确称量固体质量，分析药品配比对产量的影响。不同离子液体铁配合物结果见表1.3~表1.5。

表1.3　反应物1-丁基-3-甲基咪唑溴代盐和氯化亚铁配比工艺条件

组别	配比（mol/mol）	离子液体质量（g）	$FeCl_2 \cdot 4H_2O$质量（g）	去离子水体积（mL）	温度	时间（天）
1组	0.05 : 0.05	10.95	9.95	200	室温	3
2组	0.05 : 0.075	10.95	14.93	200	室温	3
3组	0.05 : 0.10	10.95	19.90	200	室温	3
4组	0.05 : 0.125	10.95	24.88	200	室温	3
5组	0.05 : 0.15	10.95	29.85	200	室温	3

表1.4　反应物1-辛基-3-甲基咪唑溴代盐和氯化亚铁配比工艺条件

组别	配比 (mol/mol)	离子液体质量（g）	FeCl₂·4H₂O 质量（g）	去离子水体积（mL）	温度	时间（天）
1组	0.05：0.05	13.76	9.95	200	室温	3
2组	0.05：0.075	13.76	14.93	200	室温	3
3组	0.05：0.10	13.76	19.90	200	室温	3
4组	0.05：0.125	13.76	24.88	200	室温	3
5组	0.05：0.15	13.76	29.85	200	室温	3

表1.5　反应物1-异丙基-3-甲基咪唑溴代盐和氯化亚铁配比工艺条件

组别	配比 (mol/mol)	离子液体质量（g）	FeCl₂·4H₂O 质量（g）	去离子水体积（mL）	温度	时间（天）
1组	0.05：0.05	10.25	9.95	200	室温	3
2组	0.05：0.075	10.25	14.93	200	室温	3
3组	0.05：0.10	10.25	19.90	200	室温	3
4组	0.05：0.125	10.25	24.88	200	室温	3
5组	0.05：0.15	10.25	29.85	200	室温	3

（2）反应物配比对乙基咪唑离子液体铁配合物产率的影响。

操作：用电子天平称量5份分别为0.05mol（14g）、0.75mol（21g）、0.10mol（28g）、0.125mol（35g）、0.15mol（42g）的硫酸亚铁固体，之后将已称量出的硫酸亚铁水合物（$FeSO_4 \cdot 7H_2O$）分别放入5个已加入250mL去离子水的烧杯中，用玻璃棒搅拌直至硫酸亚铁全部溶解。将不同物质的量的硫酸亚铁做好标签，分别加入0.05mol不同的乙基咪唑离子液体，混合搅拌10min后记录时间。静置3天后，将5份烧杯中上层清夜收集到同一废液瓶中贴好标签，再将剩余5份浑浊液分别进行离心，离心后将得到沉淀的5份离心管贴好标签放入真空干燥箱中干燥，最后将5份黄色固体分别称重，记录数据。分析不同配比的硫酸亚铁的用量对离子液体铁配合物的影响。

5. 离子液体氯化亚铁配合物的提纯工艺

操作：把生成的固体碾磨成粉末放入烧杯中，然后向里面加入20mL左右的去离子水，用玻璃棒搅拌2min，将溶液倒入离心管中，用离心沉淀器进行离心。取适量离心后的上层液体倒入比色皿中，用紫外—可见分光光度计进行光谱分析。若显现的光谱有很明显的吸收峰，则重复上述操作，直至光谱中没有明显的吸收峰为止，说明此时的固体已被清洗纯净。

6. 离子液体氯化亚铁配合物表征

（1）XPS、XRD 测定。采用元素分析仪（XPS）、X 射线衍射仪（XRD）测定配合物中含有的元素种类、数量、配合物的组成和晶体结构。

（2）红外光谱测定。称量 2mg 左右的固体与 200mg 的纯 KBr 混合后研磨均匀，放入磨具中，再用 $5×10^7Pa$ 的压力在油压机上压成透明薄片，将薄片放入仪器中进行测定。通过显示的红外光谱图的峰值和变化，测定离子液体配合物价键结构。

第三节　反应物配比用量对离子液体配合物产量的影响

一、1-丁基-3-甲基咪唑溴代盐和氯化亚铁配比对产量的影响

考察在温度、时间等外界条件不变的情况下，取 1-丁基-3-甲基咪唑溴代盐 0.05mol，氯化亚铁按配比为 1∶1、1∶1.5、1∶2、1∶2.5、1∶3 加入，根据生成固体的量绘制折线图（图 1.4），从而分析药品配比对产量的影响。

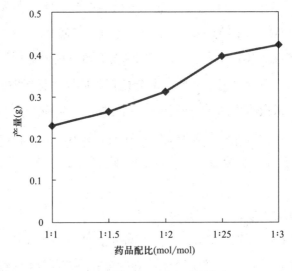

图 1.4　药品配比对产量的影响

结果分析：通过图 1.4 可以看出，随着氯化亚铁用量的增大，离子液体铁配合物的产量也显著增大，当药品配比为 1∶3 时，离子液体铁配合物的产量最大为 0.4238g。

二、1-辛基-3-甲基咪唑溴代盐和氯化亚铁配比对产量的影响

考察在温度、时间等外界条件不变的情况下，取 1-辛基-3-甲基咪唑溴代盐 0.05mol 氯化亚铁按配比为 1∶1、1∶1.5、1∶2、1∶2.5、1∶3 加入，根据生成固体的量绘制折线图（图 1.5），从而分析药品配比对产量的影响。

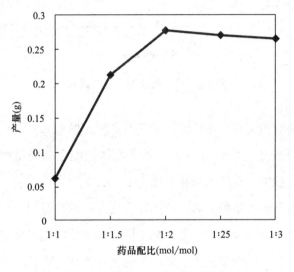

图 1.5　药品配比对产量的影响

结果分析：通过图 1.5 可以看出，随着氯化亚铁用量的增大，离子液体铁配合物的产量先增大，当再增加氯化亚铁用量时，离子液体铁配合物的产量不再增大，因此，当药品配比为 1∶2 时，离子液体铁配合物产量最高，为 0.2773g。其主要原因可能是离子液体烷基侧链较大，形成配合物时，存在空间位阻效应。

三、1-异丙基-3-甲基咪唑溴代盐和氯化亚铁配比对产量的影响

考察在温度、时间等外界条件不变的情况下，取 1-异丙基-3-甲基咪唑溴代盐 0.05mol 氯化亚铁按配比为 1∶1、1∶1.5、1∶2、1∶2.5、1∶3 加入，根据生成固

体的量绘制折线图（图1.6），从而分析药品配比对产量的影响。

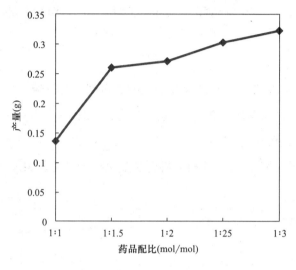

图1.6　药品配比对产量的影响

结果分析：通过图1.6可以看出，随着药品配比的增大，离子液体铁配合物的产量也再增加，当配比大于1∶1.5时，离子液体铁配合物产量增加幅度较小，因此，在实际反应过程中，可考虑选择配比为1∶1.54。

通过以上三种不同烷基侧链离子液体作为反应物的产量对比可以看出，烷基侧链不同，对离子液体铁配合物的产量影响不同，其主要原因可能是生成配合物过程中，烷基侧链越长，空间位阻越大，阻碍配合物的生成，因此，从产量上看，随着侧链的增大，其产量减小。

四、1-异丙基-3-乙基咪唑溴代盐和硫酸亚铁配比对产量的影响

离子液体1-异丙基-3-乙基咪唑溴代盐0.05mol（11.0g）共5份，分别加入硫酸亚铁0.05mol（14g）、0.75mol（21g）、0.10mol（28g）、0.125mol（35g）、0.15mol（42g），混合搅拌3天，未加热。离子液体铁配合物一次产量结果见表1.6。

表1.6　离子液体铁配合物一次产量

硫酸亚铁的物质的量（mol）	一次产量（g）	离子液体与硫酸亚铁配比
0.050	0.3703	1∶1

硫酸亚铁的物质的量（mol）	一次产量（g）	离子液体与硫酸亚铁配比
0.075	0.4012	1∶1.5
0.100	0.4433	1∶2
0.125	0.4713	1∶2.5
0.150	0.4981	1∶3

将得到的数据绘制成折线散点图，如图1.7所示。

从图1.7可看出，随着硫酸亚铁用量的增大，离子液体铁配合物一次产量增大，当硫酸亚铁为0.1mol时斜率最大，配比为1∶2，此时一次产量为0.4433g。当硫酸亚铁用量为0.15mol时，一次产量最大为0.4981g。然而，当硫酸亚铁用量为0.15mol时，离子液体与硫酸亚铁配比为1∶3，硫酸亚铁用量远远过量，造成浪费，因此，综合考虑，选择硫酸亚铁用量为0.1mol，配比为1∶2，一次产量为0.4433g。

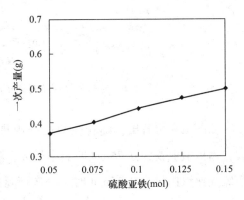

图1.7　硫酸亚铁用量对离子液体铁配合物一次产量的影响

五、1-丁基-3-乙基咪唑溴代盐和硫酸亚铁配比对产量的影响

离子液体1-丁基-3-乙基咪唑溴代盐0.05mol（11.0g）共5份，分别加入硫酸亚铁0.05mol（14g）、0.75mol（21g）、0.10mol（28g）、0.125mol（35g）、0.15mol（42g），混合搅拌3天，未加热。离子液体铁配合物一次产量结果见表1.7。

表1.7　离子液体铁配合物一次产量

硫酸亚铁的物质的量（mol）	一次产量（g）	离子液体与硫酸亚铁配比
0.050	0.4253	1∶1
0.075	0.4795	1∶1.5
0.100	0.5002	1∶2
0.125	0.5103	1∶2.5
0.150	0.5291	1∶3

将得到的数据绘制成折线散点图，如图1.8所示。

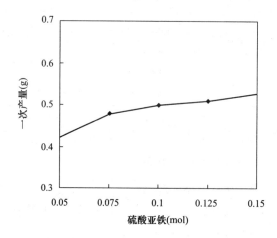

图1.8 硫酸亚铁用量对离子液体铁配合物一次产量的影响

从图1.8可看出，随着硫酸亚铁用量的增大，离子液体铁配合物一次产量增大，当硫酸亚铁为0.75mol时斜率最大，配比为1：1.5，此时一次产量为0.4795g。当硫酸亚铁用量为0.15mol时，一次产量最大为0.5291g。然而，当硫酸亚铁用量为0.15mol时，离子液体与硫酸亚铁配比为1：3，硫酸亚铁用量远远过量，造成浪费，因此，综合考虑，选择硫酸亚铁用量为0.1mol，配比为1：2，一次产量为0.5002g。

六、1-辛基-3-乙基咪唑溴代盐和硫酸亚铁配比对产量的影响

离子液体1-辛基-3-乙基咪唑溴代盐0.05mol（14.5g）共5份，分别加入硫酸亚铁0.05mol（14g）、0.75mol（21g）、0.10mol（28g）、0.125mol（35g）、0.15mol（42g），混合搅拌3天，未加热。离子液体铁配合物一次产量结果见表1.8。

表1.8 离子液体铁配合物一次产量

硫酸亚铁的物质的量（mol）	一次产量（g）	离子液体与硫酸亚铁配比
0.050	0.3031	1：1
0.075	0.3451	1：1.5
0.100	0.3802	1：2
0.125	0.4091	1：2.5
0.150	0.4233	1：3

将得到的数据绘制成折线散点图，如图1.9所示。

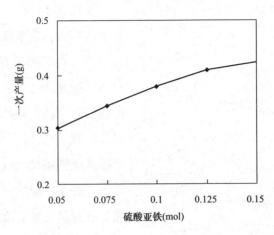

图1.9　硫酸亚铁用量对离子液体铁配合物一次产量的影响

从图1.9可看出，随着硫酸亚铁用量的增大，离子液体铁配合物一次产量增大，当硫酸亚铁为0.1mol时斜率最大，配比为1∶2，此时一次产量为0.3802g。当硫酸亚铁用量为0.15mol时，一次产量最大为0.4233g。然而，当硫酸亚铁用量为0.15mol时，离子液体与硫酸亚铁配比为1∶3，硫酸亚铁用量远远过量，造成浪费，因此，综合考虑，选择硫酸亚铁用量为0.1mol，配比为1∶2，一次产量为0.3802g。

七、1-丁基-3-乙基咪唑氯代盐和硫酸亚铁配比对产量的影响

离子液体1-丁基-3-乙基咪唑氯代盐0.05mol（9.4g）共5份，分别加入硫酸亚铁0.05mol（14g）、0.75mol（21g）、0.10mol（28g）、0.125mol（35g）、0.15mol（42g），混合搅拌3天，未加热。离子液体铁配合物一次产量结果见表1.9。

表1.9　离子液体铁配合物一次产量

硫酸亚铁的物质的量（mol）	一次产量（g）	离子液体与硫酸亚铁配比
0.050	0.4193	1∶1
0.075	0.4531	1∶1.5
0.100	0.4888	1∶2
0.125	0.5092	1∶2.5
0.150	0.5183	1∶3

将得到的数据绘制成折线散点图，如图1.10所示。

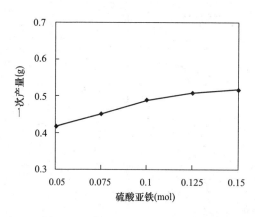

图1.10　硫酸亚铁用量对离子液体
铁配合物一次产量的影响

从图1.10可看出，随着硫酸亚铁用量的增大，离子液体铁配合物一次产量增大，当硫酸亚铁为0.1mol时斜率最大，配比为1∶2，此时一次产量为0.4888g。当硫酸亚铁用量为0.15mol时，一次产量最大为0.5183g。然而，当硫酸亚铁用量为0.15mol时，离子液体与硫酸亚铁配比为1∶3，硫酸亚铁用量远远过量，造成浪费，因此，综合考虑，选择硫酸亚铁用量为0.1mol，配比为1∶2，一次产量为0.4888g。

根据已得到的数据，对照4组不同的离子液体，即1-异丙基-3-乙基溴代硫酸亚铁配合物、1-丁基-3-乙基溴代硫酸亚铁配合物、1-辛基-3-乙基溴代硫酸亚铁配合物、1-丁基-3-乙基氯代硫酸亚铁配合物，离子液体结构对一次产量的影响见表1.10。

表1.10　离子液体结构对一次产量的影响

离子液体与硫酸亚铁配比	异丙基溴代铁配合物一次产量（g）	丁基溴代铁配合物一次产量（g）	辛基溴代铁配合物一次产量（g）	丁基氯代铁配合物一次产量（g）
1∶1	0.3703	0.4253	0.3031	0.4193
1∶1.5	0.4012	0.4795	0.3451	0.4531
1∶2	0.4433	0.5002	0.3802	0.4888
1∶2.5	0.4713	0.5103	0.4091	0.5092
1∶3	0.4981	0.5291	0.4233	0.5183

根据表1.10中固体质量对比可知，对于阴离子相同的溴代铁配合物来说，相同配比下丁基溴代铁配合物质量最多，异丙基溴代铁配合物次之，辛基溴代铁配合物最少。而反应前异丙基溴代、丁基溴代、辛基溴代3种咪唑基离子液体中阴离子结构相同阳离子结构不同，即异丙基溴代离子液体含有支链，丁基溴代离子液体不含有支链，而辛基溴代不含支链但链端最长，由此可得出，离子液体阴离子结构相同时，辛基溴代离子液体链端最长，反应生成铁配合物一次产量最少，而阳离子结

构中没支链的丁基溴代离子液体的比含有支链的异丙基溴代离子反应生成的铁配合物一次产量多。

根据表1.10中可知，相同配比下丁基溴代铁配合物比丁基氯代铁配合物一次产量高，反应前丁基溴代离子液体、丁基氯代离子液体两种咪唑基离子液体中阳离子结构相同而阴离子结构不同，因此，可得出离子液体阳离子结构相同时，含有溴代阴离子的比含有氯代阴离子的丁基咪唑离子液体反应生成的铁配合物一次产量多。

八、温度对乙基咪唑离子液体铁配合物一次产率的影响

将4种不同的离子液体，即1-异丙基-3-乙基咪唑溴代盐0.05mol、1-丁基-3-乙基咪唑溴代盐0.05mol、1-辛基-3-乙基咪唑溴代盐0.05mol、1-丁基-3-乙基咪唑氯代盐0.05mol各4份，分别与0.10mol的$FeSO_4 \cdot 7H_2O$（配比为1∶2）在不同温度下反应，得到温度与离子液体铁配合物的影响关系，见表1.11。

表1.11　温度对铁配合物一次产量的影响

温度（℃）	异丙基溴代铁配合物一次产量（g）	丁基溴代铁配合物一次产量（g）	辛基溴代铁配合物一次产量（g）	丁基氯代铁配合物一次产量（g）
室温	0.4601	0.4890	0.4958	0.3701
40	0.6558	0.6793	0.7004	0.5851
60	1.0220	0.9743	1.0563	0.9697
80	1.2133	1.1566	1.2307	1.1537

从表1.11中可看出，异丙基溴代铁配合物一次产量、丁基溴代铁配合物一次产量、辛基溴代铁配合物一次产量、丁基氯代铁配合物一次产量，都随温度的升高而依次增多，但60℃时增加最明显。

第四节　离子液体铁配合物表征分析

一、XPS表征分析

将1-丁基-3-甲基咪唑离子液体与氯化亚铁生成的配合物命名为1号，加入NaOH后的配合物命名为2号，进行XPS测定，结果如图1.11和表1.12所示。

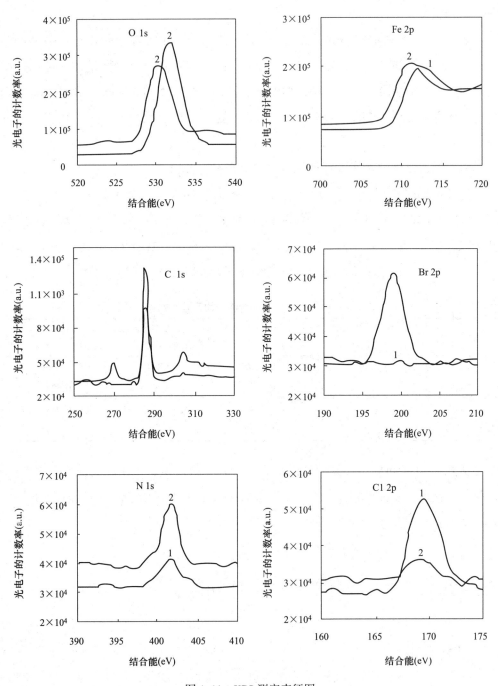

图 1.11 XPS 测定表征图

表 1.12　XPS 测定数据

元素	PP At（%）		变化
	配合物 A	配合物 B	
O 1s	55.88	34.19	降低
Fe 2p	4.73	4.18	基本不变
C 1s	29.94	41.68	提高
Br 2p	6.83	1.67	降低
N 1s	2.62	5.39	提高
Cl 2p	5.32	5.59	提高
Na 1s	0	7.3	新出现

结果分析：根据表 1.12 中的数据得出，1-丁基-3-甲基咪唑离子液体与氯化亚铁生成的配合物中结合氧原子，在加入 NaOH 之后，氧原子被氢氧根取代，溴也被氢氧根取代。在配合物 A 中不含元素 Na，含有元素 Fe、C、Br、N、Cl，在配合物 B 中含有元素 Na。

二、XRD 表征分析

图 1.12 所示为未加入 NaOH 饱和溶液（52%w/w）的 1-丁基-3-乙基咪唑离子液体铁配合物的 X 射线衍射光谱图，图 1.13 所示为加入 NaOH 饱和溶液后的 1-丁基-3-乙基溴代铁配合物的 X 射线衍射光谱图。

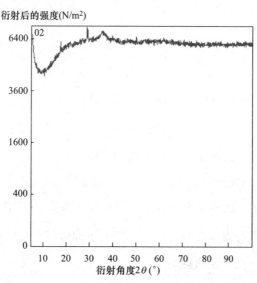

图 1.12　未加 NaOH 的 1-丁基-3-乙基溴代铁配合物的 X 射线衍射光谱图

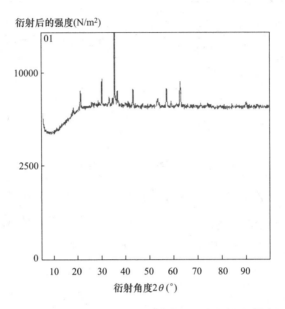

图 1.13　加入 NaOH 的 1-丁基-3-乙基溴代铁配合物的 X 射线衍射光谱图

　　从图中可看出，1-丁基-3-乙基溴代铁配合物在加入 NaOH 饱和溶液后物质内部结构发生变化。

小结

　　通过实验和数据分析可得出，咪唑基离子液体—硫酸亚铁的合成受硫酸亚铁用量、离子液体阴阳离子结构、温度、加入 NaOH 等多种因素影响。

　　1. 硫酸亚铁用量对铁配合物一次产量的影响

　　通过硫酸亚铁的用量实验数据可知，当离子液体的物质的量不变时，硫酸亚铁与离子液体配比越高，咪唑基离子液体—硫酸亚铁配合物产量越高，而在考虑硫酸亚铁配比用量因过多而造成浪费时，应选择离子液体与硫酸亚铁的配比为 1 : 2。

　　2. 离子结构对一次产量的影响

　　通过 4 种不同阴阳离子结构的咪唑基离子液体与硫酸亚铁反应合成铁配合物的

产量的多少可得出，离子液体阴离子结构相同时辛基溴代离子液体链端最长，反应生成铁配合物一次产量最少；阳离子结构中没支链的丁基溴代离子液体的比含有支链的异丙基溴代离子液体反应生成的铁配合物一次产量多。而离子液体阳离子结构相同时，含有溴代阴离子的比含有氯代阴离子的丁基咪唑离子液体反应生成的铁配合物一次产量多。

3. 温度对离子液体的影响

通过 4 种咪唑基离子液体与硫酸亚铁的固定配比为 1∶2 时不同温度下合成的铁配合物做对照实验，数据结果显示，咪唑基离子液体铁配合物的产量随温度的升高而一次产量依次增多，最佳温度为 80℃。

4. 加入饱和 NaOH 后对铁配合物的影响

通过加入饱和 NaOH 溶液后铁配合物的质量变化以及表征分析可知，加入NaOH 后铁配合物产量增加，从表征中可看出—OH 对咪唑基离子液体配合物的配位能力强，加入 NaOH 后铁配合物的结构会发生变化，会形成含有—OH 的咪唑基离子液体—硫酸亚铁配合物。

综上所述，合成咪唑基离子液体—硫酸亚铁配合物的反应受多种因素的影响。乙基咪唑基离子液体与硫酸亚铁配比在 1∶2，在水浴锅加热至 80℃下，持续反应 3天是合成咪唑基离子液体—硫酸亚铁配合物的最佳合成条件，而铁配合物在加入饱和 NaOH 后会使咪唑基离子液体—硫酸亚铁配合物结构发生改变。合成甲基咪唑离子液体铁配合物最佳配比分别为：1-丁基-3-甲基咪唑溴代盐和氯化亚铁最佳配比为 1∶2.5，1-辛基-3-甲基咪唑溴代盐与氯化亚铁最佳配比为 1∶2，1-异丙基-3-甲基咪唑溴代盐与氯化亚铁最佳配比为 1∶1.5。

第二章　离子液体金属配合物吸附丝胶蛋白研究

第一节　丝胶蛋白概述

丝胶蛋白是一种含有多种多肽的球状蛋白。它由 18 种氨基酸组成，含有较多的丝氨酸、天门冬氨酸和甘氨酸，其中，极性侧链氨基酸约占 74.61%。丝胶蛋白具有易溶、吸水、凝胶化、可改性和抗氧化等特性，在化妆品、食品和医药等方面具有良好的开发潜能。在传统的丝绸行业中，蚕丝的内层丝素部分被人们所利用，而蚕丝的外层丝胶部分，因制丝及纺织工艺的供求和需要，没有被加工利用，从而使其脱掉，随废水一起排放出去。但近几年来，随着人们对丝胶蛋白结构、性质和功能认识的深入了解，以及环保意识的进一步加强，丝胶蛋白这一天然资源越来越被大众所接受并回收利用，将其变废为宝。随着物质水平的不断提高，人们对社会的环保意识也逐渐加强。因此，人们应该合理有效地处理丝胶污水对环境带来的污染，并竭尽所能地将丝胶蛋白变废为宝，从而对其进行充分利用。这样一来不但能推动纺织工业等相关行业及产业的迅速发展，也能促进经济科学发展。随着人们对研究方法的不断改良，对丝胶蛋白的认识也不断地深入，再加上对材料、纺织、化工、生物等多学科领域的深入研究，很多新型的丝胶产品将出现在人们的日常生活中并广泛地加之利用。

第二节　丝胶蛋白吸附工艺

一、实验部分

（1）实验仪器。烧杯、玻璃棒、分光光度计、移液管、恒温水浴锅、烘箱、电子天平、秒表、温度计、pH 试纸、表面皿、镊子等。

（2）实验试剂。蒸馏水、冰块、离子液体铁配合物、氢氧化钠、盐酸、七水硫酸亚铁、丝胶蛋白。

二、吸附实验操作

首先配制好不同浓度的丝胶蛋白溶液，搅拌均匀后，加入不同质量的离子液体铁配合物使其充分反应，最后通过观察反应后丝胶蛋白的吸光度值来测定丝胶蛋白的吸附率。本实验主要考查不同浓度、不同固体质量、不同反应时间、不同反应温度、不同 pH 条件对离子液体铁配合物吸附丝胶蛋白的影响。

1. 丝胶蛋白标准曲线

配制 5 个不同浓度的丝胶蛋白溶液（浓度分别为 1mg/mL、0.75mg/mL、0.5mg/mL、0.25mg/mL、0.125mg/mL）。

（1）用电子天平准确称取 0.1g 丝胶蛋白于烧杯中，加入 100mL 蒸馏水，并用玻璃棒搅拌使其全部溶解，配成浓度为 1mg/mL 的溶液。

（2）用移液管分别取 1.5mL 蒸馏水和 0.5mL 丝胶蛋白溶液配成浓度为 0.75mg/mL 的溶液。

（3）用移液管分别取 1mL 蒸馏水和 1mL 丝胶蛋白溶液配成浓度为 0.5mg/mL 的溶液。

（4）取 0.5mg/mL 的溶液 1mL，再加入 1mL 的蒸馏水将其稀释 1 倍，此时浓度为 0.25mg/mL。

（5）取 0.25mg/mL 的溶液 1mL，再加入 1mL 的蒸馏水将其稀释 1 倍，此时浓度为 0.125mg/mL。

最后测出不同浓度下丝胶蛋白溶液的吸光度值。将仪器参数先设置好，首先测量一下基线，然后分别测 5 个浓度溶液的吸光度，做出丝胶蛋白标准曲线。

2. 吸附丝胶蛋白的离子液体金属配合物用量工艺条件

先取 5 份 3mL 浓度为 0.25% 的丝胶蛋白溶液于 5 个小管内，然后用电子天平准确称量固体（离子液体金属配合物），分别称取的固体质量为 0.02g、0.04g、0.06g、0.08g、0.1g；再将上述称量好的固体依次加入装有丝胶蛋白溶液的小管内，做好标记，放入离心泵中离心 3min，用移液管分别从上述 5 个管内取出 2mL 加入到离心管，备用；调节好基线后，分别测出上述 5 个不同溶液的光谱，观察其吸光度值的变化。

3. 吸附丝胶蛋白的吸附时间工艺条件

取 5 份 3mL 浓度为 0.25mg/mL 的丝胶蛋白溶液于 5 个小管内，用电子天平准确称量离子液体铁配合物 0.08g，依次加入上述 5 个管内；然后将第一个小管均匀摇晃 5s 后离心 2min，用移液管取其上层清液 2mL，并测量其吸光度 A_1，做好标记 1；将测完吸光度的溶液倒回管内，继续均匀摇晃 25s（即固体与丝胶蛋白溶液的接触时间为 30s）后离心 2min，用移液管取其上层清液 2mL，并测量其吸光度 A_2，做好标记 2；接着将上一步骤中测完吸光度的溶液倒回管内，继续均匀摇晃 30s（即固体与丝胶蛋白溶液的接触时间为 60s）后离心 2min，用移液管取其上层清液 2mL，并测量其吸光度 A_3，做好标记 3；继续将测完吸光度的溶液倒回管内，继续均匀摇晃 30s（即固体与丝胶蛋白溶液的接触时间为 90s）后离心 2min，用移液管取其上层清液 2mL，并测量其吸光度 A_4，做好标记 4；最后将测完吸光度的溶液倒回管内，继续均匀摇晃 210s（即固体与丝胶蛋白溶液的接触时间为 300s）后离心 2min，用移液管取其上层清液 2mL，并测量其吸光度 A5，做好标记 5。

4. 吸附丝胶蛋白的温度工艺条件

首先配置好浓度为 0.25mg/mL 的丝胶蛋白溶液，用移液管取 3mL 于小管内，再用电子天平准确称量离子液体铁配合物质量 0.08g 于管内。将冰块和水混合在大烧杯内，控制温度为 0℃，将小管放进去，均匀摇晃 300s，再放入离心泵中离心 3min，取其上层清液，并测量其吸光度 A_1；测量后再倒回管内，把上述中的小管放入水浴锅中加热到 10℃，摇晃 300s 并离心 3min，取其上层清液并测量其吸光度 A_2；再将水浴锅加热到 20℃，将小管放进去，摇晃 300s 再离心 3min，测其吸光度 A_3；继续将水浴锅加热至 40℃，重复上述步骤，测其吸光度为 A_4；接着把水浴锅加热到 60℃，并重复上述的步骤，测其吸光度为 A_5；观察 5 个温度条件下吸光度的变化，并绘制曲线。

5. 吸附丝胶蛋白的 pH 工艺条件

取浓度为 0.25mg/mL 的丝胶蛋白溶液 3mL 于小管内，稀释盐酸后取 0.5mL 加入到蛋白溶液中，用 pH 试纸测其 pH 至 2，此时管内溶液体积为 3.5mL，环境为酸性，测量其吸光度值 A_1；再取浓度为 0.25mg/mL 的丝胶蛋白溶液 3mL 于小管内，加入 0.5mL 的蒸馏水，此时管内溶液体积为 3.5mL，环境为中性，测量其吸光度值

A_2；接着取浓度为 0.25mg/mL 的丝胶蛋白溶液 3mL 于小管内，稀释 NaOH 后取 0.5mL 加入到蛋白溶液中，并用 pH 试纸测其 pH 至 10，此时管内体积为 3.5mL，环境为碱性，测量其吸光度值 A_3；最后将上述 3 个小管分别加入等量的固体 0.08g，放入装有 60℃水的烧杯中，均匀摇晃 300s，并放入离心泵中离心 2min，测量此时 3 个溶液的吸光度值，并计算其在 3 个环境下的吸附率。

6. 丝胶蛋白的解吸工艺条件

取浓度为 0.5mg/mL 的丝胶蛋白溶液于小管内，测其吸收光谱；加入 0.08g 固体，再加入 0.5mL 的蒸馏水，使其 pH 呈中性，在 60℃的环境下振荡 300s，然后放入离心泵中离心 2min 后，取其上层清液并测量其吸收光谱；再将管内上层清液用移液管吸走，留固体于管内，此时向其加入 0.1mol/L NaOH 水溶液 3mL 进行解吸，再离心 2min，取上层清液测量其吸收光谱。

第三节　吸附丝胶蛋白的结果分析

一、丝胶蛋白溶液的吸光度标准曲线绘制

5 个不同浓度丝胶蛋白的吸光度值分别为：$C_1 = 1mg/mL$，$A_1 = 0.465$；$C_2 = 0.75mg/mL$，$A_2 = 0.330$；$C_3 = 0.5mg/mL$，$A_3 = 0.224$；$C_4 = 0.25mg/mL$，$A_4 = 0.110$；$C_5 = 0.125mg/mL$，$A_5 = 0.051$，丝胶蛋白的标准曲线如图 2.1 所示。

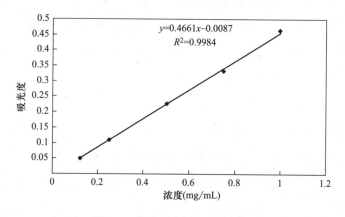

图 2.1　丝胶蛋白的标准曲线图

结果分析：如图 2.1 所示，吸光度与丝胶蛋白溶液浓度的大小呈线性关系，浓度越小，吸光度越小，线性方程为 $y = 0.4661x - 0.0087$，$R^2 = 0.9984$，最大吸收波长为 276nm。

丝胶蛋白的吸收光谱图如图 2.2 所示。

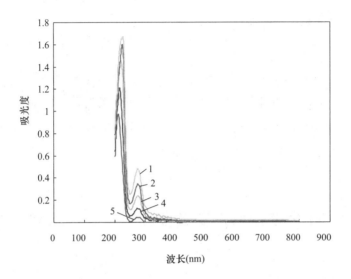

图 2.2　丝胶蛋白的吸收光谱图

二、丝胶蛋白吸附率的影响分析

1. 离子液体铁配合物固体用量对丝胶蛋白吸附率的影响

考察不同的离子液体金属配合物用量对丝胶蛋白吸附率的影响，不同离子液体铁配合物质量下吸附丝胶蛋白的效率数值如下：$m_1 = 0.02g$，$A_1 = 0.03$，效率 = 65%；$m_2 = 0.04g$，$A_2 = 0.03$，效率 = 78%；$m_3 = 0.06g$，$A_3 = 0.01$，效率 = 88%；$m_4 = 0.08g$，$A_4 = 0.01$，效率 = 92%；$m_5 = 0.10g$，$A_5 = 0.005$，效率 = 94%。由此可见：在丝胶蛋白溶液浓度相同的情况下，固体用量与吸附率呈一定的比例趋势，即固体用量越大，吸附率越高。不同固体用量对丝胶蛋白的吸附率如图 2.3 所示，丝胶蛋白在加入不同质量固体时的吸附率如图 2.4 所示。

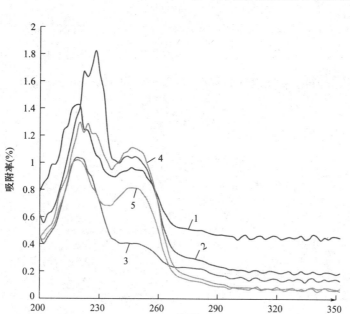

图 2.3　不同固体用量对丝胶蛋白的吸附率

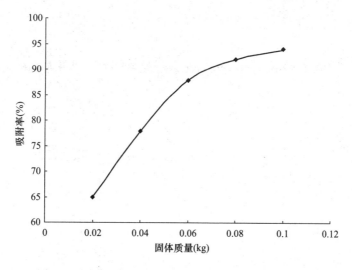

图 2.4　丝胶蛋白在加入不同质量固体条件下的吸附率

2. 吸附时间对丝胶蛋白吸附率的影响

考察不同吸附时间对丝胶蛋白吸附率的影响，结果如图 2.5 和图 2.6 所示，加入固体后，丝胶蛋白溶液的吸光度会随着反应时间的增加而减少，最后呈一定的比例趋势。数据如下：$T_1 = 5s$，吸附率 = 70%；$T_2 = 30s$，吸附率 = 80%；$T_3 = 60s$，吸附率 = 83%；$T_4 = 90s$，吸附率 = 86%；$T_5 = 300s$，吸附率 = 90%。由此表明：固体与丝胶蛋白溶液接触时间越长，其吸附效率越高，当萃取时间为 300s，此时吸附率为 90%。

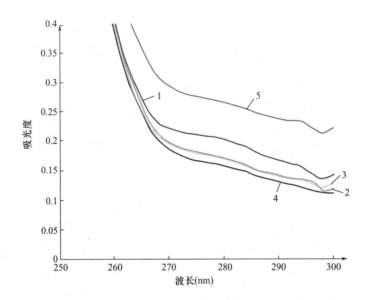

图 2.5　不同吸附时间丝胶蛋白吸光度值与波长的变化曲线图

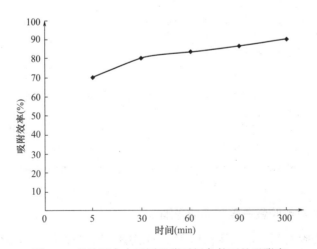

图 2.6　丝胶蛋白在不同吸附时间条件下的吸附率

3. 吸附温度对丝胶蛋白吸附率的影响

考察不同吸附温度对丝胶蛋白吸附率的影响，如图2.7和图2.8所示，在浓度相同、固体质量相同、萃取时间相同的情况下，不同的温度环境对固体吸附丝胶蛋白的量不同，吸光度值也不同。数值如下：$t_1 = 0℃$，$A_1 = 0.08$，吸附率 = 24%；$t_2 = 10℃$，$A_2 = 0.05$，吸附率 = 50%；$t_3 = 20℃$，$A_3 = 0.04$，吸附率 = 60%；$t_4 = 40℃$，$A_4 = 0.02$，吸附率 = 76%；$t_5 = 60℃$，$A_5 = 0.005$，吸附率 = 90%。由上述结果可以看出，随吸附温度的升高，吸附率增大，但当吸附温度太高时，丝胶蛋白可能发生水解，因此，吸附温度选择60℃为佳。

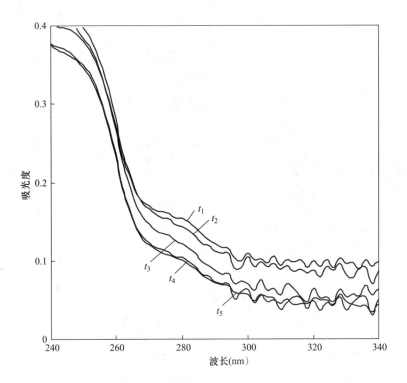

图2.7　不同吸附温度丝胶蛋白吸光度值与波长的变化曲线图

4. pH对丝胶蛋白吸附率的影响

不同吸附环境下丝胶蛋白吸光度值与波长的变化曲线如图2.9所示。不同pH对丝胶蛋白吸附率的影响如图2.10所示，在浓度相同、固体质量相同、萃取时间、萃取温度相同的情况下，不同的pH环境对固体吸附丝胶蛋白的量不同，吸光度值也不同。由图2.10可看出：在pH为9时，其吸附率为35%；在中性条件下，其吸

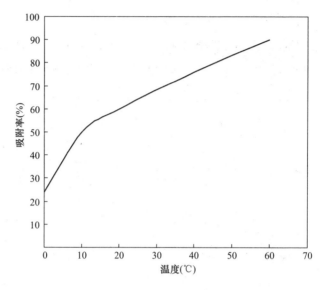

图2.8 丝胶蛋白在不同吸附温度条件下的吸附率

附率为55%；在pH为3时，其吸附率为80%。因此，酸性环境更适合离子液体铁配合物吸附丝胶蛋白。

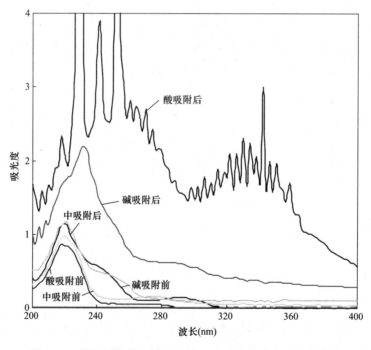

图2.9 不同吸附环境下丝胶蛋白吸光度值与波长的变化曲线

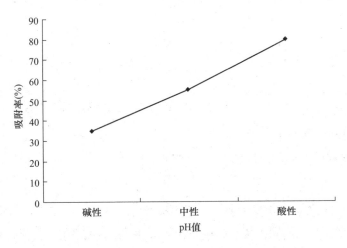

图 2.10　丝胶蛋白在不同吸附环境条件下的吸附率

三、丝胶蛋白的解吸结果分析

观察并比较 3 个吸收光谱，当波长在 276nm 时，NaOH 溶液对固体的解吸效果最优。其数据如下：原溶液的吸光度值 $A_1 = 0.435$；吸附后丝胶蛋白溶液的吸光度值 $A_2 = 0.336$；解吸后丝胶蛋白溶液的吸光度值 $A_3 = 0.213$。

丝胶蛋白溶液的解吸曲线如图 2.11 所示。

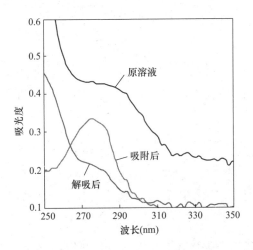

图 2.11　丝胶蛋白溶液的解吸曲线

小结

（1）通过本实验可以得知，离子液体金属配合物具有吸附功能，并且其对丝胶蛋白的回收再利用起到了关键性的作用。

（2）通过配制不同浓度的丝胶蛋白溶液，并对其吸光度值进行测定，发现浓度越大，其吸光度越高。

（3）通过向丝胶蛋白溶液中加入不同质量的离子液体铁配合物，发现固体质量不同，吸收的丝胶蛋白也不同，其中0.1g的离子液体铁配合物吸附丝胶蛋白条件最优。

（4）通过对吸附时间因素的研究，可知时间不同，吸附丝胶蛋白的效率也不同，但时间为300s时的离子液体铁配合物吸附丝胶蛋白条件最优。

（5）通过对吸附温度的研究，可知温度不同，吸附丝胶蛋白的效率也不同，当温度为60℃时的离子液体铁配合物吸附丝胶蛋白条件最优。

（6）通过对pH的研究，发现不同的pH环境也会影响离子液体铁配合物吸附丝胶蛋白，其中pH为3时最宜吸附。

（7）NaOH在对丝胶蛋白溶液的解吸过程中起到了关键性的作用。

参考文献

［1］孙华雨.烷基咪唑类离子液体的合成及其构效关系［D］.兰州：兰州理工大学，2009.

［2］张晓丽，李高伟.LiFePO$_4$在季铵盐离子液体电解液中的电化学性［J］.咸阳师范学院报，2011，26（6）：43-46.

［3］储海虹.基于鲁米诺电化学发光的生物传感技术研究［D］.苏州：苏州大学，2011.

［4］刘红霞，徐群.烷基咪唑类离子液体的合成及应用［J］.中国医药工业，2006，37（9）：644-648.

［5］黄利. 微波辅助绿色合成肉桂酸酯与10-乙酰氧基癸酸的研究［D］. 广州：广东药学院，2009.

［6］张鹏，工联威，吴抒遥. 室温离子液体研究进展［J］. 沈阳师范大学学报，2008，26（4）：469-472.

［7］何爱珍，王坤，刘红光，等. 离子液体中间体1-丁基-3-甲基咪唑溴盐的合成［J］，精细石油化工进展，2009，10（11），22-24.

［8］蒋鹏忠. 离子液体的应用与发展前景［J］. 科教文汇，2008，3（中旬刊）：2-70.

［9］陈华，朱良均，闵思佳，等. 蚕丝丝胶蛋白的结构、性能及利用［J］. 功能高分子学报，2001，14（3）：344-348.

［10］董雪，盛家镛，邢铁玲，等. 丝胶蛋白的研究与应用综述［J］. 丝绸，2011，48（12）：16-21.

第三章　两步交联法 Ag–SS/PEO 纳米纤维制备及抗菌性能研究

第一节　概述

一、丝胶蛋白

蚕丝蛋白是人类很早就利用的一种天然蛋白质之一，组成成分是丝胶和丝素，蚕丝蛋白是一种优良的纤维材料进而一直被应用在纺织行业。最近几年，有较多学者对蚕丝蛋白作为生物医学材料做了很多研究，进而开发出蚕丝蛋白的新功能。但研究的方向大部分是丝素为主，因为丝素是一种纤维状的蛋白质，结构较为简单。

丝胶蛋白的结构则是一种接近球形的，其中由多种氨基酸构成。二级结构以无规律卷曲结构为主，含有部分 β 构想，几乎不含 α 螺旋结构。

丝胶蛋白是蛋白质的一种，丝胶蛋白呈现丝胶状，占蚕丝总量的 20%~30%，并且易溶于水。当蚕结茧的时候，丝胶起到黏合作用，使蚕丝覆盖在一起构成茧丝，含大量的侧链和氨基酸等物质以及许多极性亲水基团（如 —OH、—COOH、—NH$_2$、$\diagdown$NH 等）处于多肽链表面。丝胶会对丝素起到保护的作用。

在传统的工业生产加工过程中，丝胶几乎被当作一种废物被抛弃。但是，由于最近几年学者们对丝胶的科研探索，使丝胶被广泛开发。

丝胶可用高性能生物材料制成，丝胶与其他材料，如树脂等高性能聚氨酯生物聚合物材料。生物可降解聚合物材料具有无污染、高的水分吸收水分排气速度、良好的弹性等优良特性。因为含有大量的废弃的丝胶，生产成本大大降低，显示出强大的市场竞争力。

丝胶具有抗氧化作用，丝胶可以抑制脂质过氧化和酪氨酸酶活性，在体外表现出明显的抗氧化作用，可用于高质量的天然抗氧化食品、化妆品的抗氧化剂。

此外，对丝胶多肽的研究发现，添加丝胶多肽的加工区，乳酸脱氢酶活性不降低，活性近 100%，可以保持原始的活动。丝胶多肽富含亲水氨基酸，亲水氨基酸保护细胞脱水，从而抑制蛋白质失活的发生。所以丝胶在新领域的研究和开发，为将在丝绸行业产生重大影响。

二、聚氧化乙烯

PEO 是一种可溶于水的聚合物，具有结晶性、热塑性能，又被称为聚环氧乙烷。PEO 分子结构为 CH_2CH_2O，其中相对分子质量为 1105～1106。PEO 分子存在特殊的 C—O—C 键，所以使其具备很好的柔顺性能，而且还能和一些无机物电解质发生反应。而在 PEO 中含有氢键，使其又可成为一种溶于水的聚合物。因此，PEO 的使用范围很广泛，其结构式如图 3.1 所示。

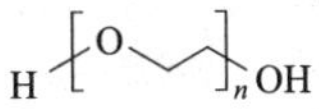

图 3.1　聚氧化乙烯结构

PEO 呈粉末状，颜色为白色，能溶于水，可作为热塑性材料。如果 PEO 的相对分子质量为 104～108 时，则为结晶态，呈现有序的结构。PEO 熔点约为 65℃，能和水发生反应，也与一般的有机溶剂发生反应，在 PEO 分子量很大的时候，PEO 具有一定的凝结性，起到了凝结作用，溶液有相当高的黏度。PEO 还具有一定得络合性和氧化性。

络合性：PEO 分子内含有氢键，具有很强的亲和力，能和大多的有机物和聚合物反应为络合物，也可以和部分的无机物反应。在生成络合物后会和之前的物质在热稳定性、熔点和沉淀物上面有巨大的差别。

氧化性：PEO 含有一些醚键，所以易在空气中氧化降解。但是 PEO 在高温的状态时，因为其空气中的氧化会使黏度逐渐增大。PEO 还是良好的水溶性能，很低的毒性，能与有机化合物反应等，使其产生良好的流变性与热塑性，这就使得 PEO 的使用前景十分广阔。

PEO 还有很多的作用，例如可以作为水溶性的薄膜，纺织业中的上浆剂、增稠剂、絮凝剂、润滑剂、分散剂、水减阻剂、化妆品的添加剂，抗静电剂。而且 PEO

在医学领域中还有很多的作用，不仅可以在药丸上加入 PEO 水溶液来暂缓药物释放的时间，还可以把其添加在假牙固定剂里，起到了一定程度上的牙齿缓冲作用。而在对丝胶蛋白溶液进行纺丝时，往其加入 PEO 的则提高了纤维的抗静电性能和染色性能。此外，PEO 在高分子材料领域也有很多的功效，例如，将 PEO 加入到热塑性树脂里面，可以得到树脂颗粒，而这里的 PEO 则起到了分散作用；为了增强黏结性能，将水溶性胶黏剂与 PEO 和酚醛树脂混合。探索 PEO 简单快捷的制作方法，得到性能以及结构良好的聚氧化乙烯材料是目前需要解决的问题。

第二节　交联法 Ag-SS/PEO 纳米纤维制备工艺

一、实验仪器、试剂

1. 实验仪器

烧杯，玻璃棒，锡箔纸，不锈钢针头等。

2. 实验药品

氢氧化钠，硝酸银，丝胶蛋白，戊二醛等。

二、实验操作工艺

1. 丝胶蛋白溶液的制备

取丝胶（SS，相对分子质量为 9 万）1.2g、氢氧化钠 0.2g、蒸馏水 9g 放入烧杯中，用玻璃棒均匀缓慢搅拌制得到丝胶溶液。

2. PEO 的制备

取 PEO（相对分子质量为 60 万）20g、蒸馏水 180g 进行混合搅拌，PEO 可与水发生反应，融点在 60℃，可与一般有机溶剂发生反应，并且具有较高的黏度，制备 PEO 溶液需要在 60℃的条件下搅拌 4h。

3. 纺丝溶液的制备

先将丝胶溶液与 PEO 按照 7：3 的比例加入烧杯中，用玻璃棒缓慢搅拌，均匀为止。取出戊二醛溶液分别放置于 5 个容量瓶中，分别稀释为 0.01%、0.1%、

0.5%、1%、2.5%的浓度。取出丝胶溶液以 7∶3 的比例在丝胶溶液中加入戊二醛同样缓慢搅拌，均匀为止。

4. 纳米纤维的制备

取制备好的纺丝溶液加入不锈钢针头中，在滚筒收集装置上放上 6cm×8cm 的锡箔纸收集纳米纤维。打开静电纺丝仪器进行纺丝，选取 25kV 电压，针头与收集板距离为 15cm，流速为 0.003mL/min。然后进行纺丝，针头与泰勒锥在强电场中进行喷射纺丝，在电场强度下，针头处的液滴会由球形变成圆锥形，并从圆锥形尖端延展得到纤维细丝。最后，在高倍显微镜下观察纳米纤维。

第三节　Ag-SS/PEO 纳米纤维制备工艺结果讨论及分析

一、丝胶纺丝溶液戊二醛浓度的确定

纺丝电压为 30kV，纺丝距离为 15cm，流速为 0.003mL/min 时，在常温条件下，选用戊二醛浓度分别为 0.01%、0.1%、0.5%、1%、2.5%的纺丝溶液进行静电纺丝，形态如图 3.2~图 3.6 所示。

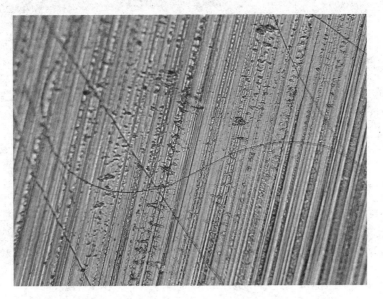

图 3.2　戊二醛浓度为 0.01%时 Ag-SS/PEO 纳米纤维膜

图 3.3　戊二醛浓度为 0.1%时 Ag-SS/PEO 纳米纤维膜

图 3.4　戊二醛浓度为 0.5%时 Ag-SS/PEO 纳米纤维膜

图 3.5 戊二醛浓度为 1%时 Ag-SS/PEO 纳米纤维膜

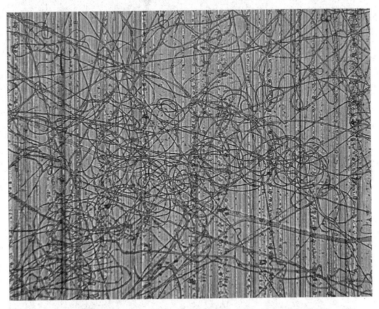

图 3.6 戊二醛浓度为 2.5%时 Ag-SS/PEO 纳米纤维膜

由图可见，在戊二醛浓度为 2.5%浓度时，纺丝效果最佳，并且纤维形态更为密集。并且由多次试验表明，戊二醛浓度在 2.5%时，纺丝质量最佳。

二、丝胶溶液静电纺丝电压的确定

在室温的条件下，收集间距为 15cm，戊二醛浓度为 2.5%，选取电压分别为 20kV、25kV、30kV，进行静电纺丝。丝胶蛋白纳米纤维的形态如图 3.7~图 3.9 所示。

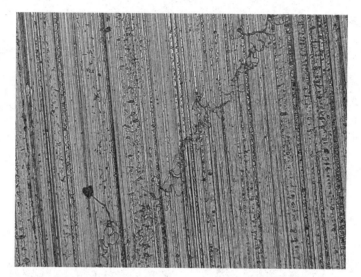

图 3.7　纺丝电压为 20kV 时 Ag-SS/PEO 纳米纤维膜

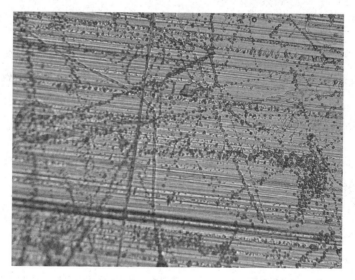

图 3.8　纺丝电压为 25kV 时 Ag-SS/PEO 纳米纤维膜

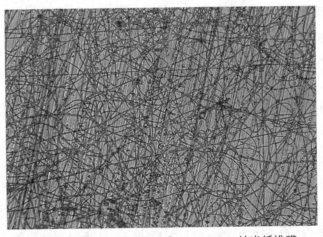

图 3.9　纺丝电压为 30kV 时 Ag-SS/PEO 纳米纤维膜

由图可知，纺丝电压在 30kV，纺丝距离为 15cm，戊二醛浓度为 2.5%时，纺丝纤维效果最为密集且均匀，说明丝胶溶液更适合在此条件下进行纺丝。

三、两步交联法载银

取 0.4g 硝酸银、9g 无水乙醇置于烧杯中，用玻璃棒均匀搅拌，直到烧杯中没有颗粒为止。将调制好的溶液放入锥形瓶中，取下收集板上的锡箔纸，取样，放入调制好溶液的锥形瓶中，完全浸入溶液中，用保鲜膜将锥形瓶密封，静置 2h。用高倍显微镜观察，其形态如图 3.10 所示。

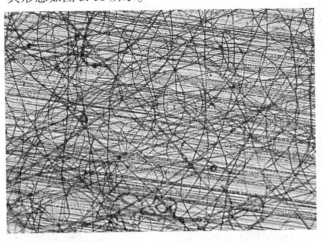

图 3.10　载银后 Ag-SS/PEO 纳米纤维膜

四、纳米纤维膜抗菌性能分析

纳米纤维膜抗菌性能分析见表3.1。

表3.1 纳米纤维膜抗菌性能分析

	纳米银浓度（%）	大肠杆菌		金黄色葡萄球菌	
		细菌浓度（CFU/mL）	抑菌率（%）	细菌浓度（CFU/mL）	抑菌率（%）
纳米纤维膜	0.006	7.98×10^5	59.14	0.48×10^5	49.68
	0.012	4.18×10^5	69.87	1.09×10^5	59.98
	0.016	2.37×10^5	84.47	4.98×10^5	69.85

如表3.1所示，大肠杆菌和金黄色葡萄球菌的纳米银浓度与抑菌率成正比，即纳米银的浓度越高，纳米纤维膜的抑菌率越强，因此，高浓度的纳米银制备的纤维膜抑菌率显著提升。

小结

本研究采用静电纺丝技术成功制备了Ag-SS纳米载银纤维膜，通过大量实验验证它们的纤维形貌以及载银后纤维形貌，并且对它们进行了抗菌处理实验，可以得出以下结论。

（1）静电纺丝的出丝率与溶液的浓度有较大关系。

（2）静电纺丝的电压大小影响纺丝的出丝效率，电压越大纺丝效果越强。

（3）本实验初步确定了两步交联法Ag-SS/PEO纳米纤维制备的最佳工艺条件，丝胶与PEO比例为7∶3，丝胶溶液与戊二醛溶液比例为7∶3，戊二醛浓度为2.5%，电压为30kV，纺丝距离为15cm，纺丝液流速为0.003mL/min。

参考文献

［1］Li M, MONDRINOS M J, GANDHI M R, et al. Electrospun protein fibers as matrices for tissue engineering［J］.Biomaterials，2005，26（30）：5999-6008.

［2］ XIN X，HUSSAIN M，MAO J J. Continuing differentiation of human mesenchymal stem cells and induced chondrogenic and osteogenic lineages in electrospun PLGA nanofiber scaffold［J］.Biomaterials，2007，28（2）：316-325.

［3］ POWELL H M，BOYCE S T. Fiber density of electro spun gelatin scaffolds regulates morphogenesis of dermal-epidermal skin substitutes［J］.Journal of Biomedical Materials Research Part A，2008，84（4）：1078-1086.

［4］ 张舒，陶杰，王玲，等.TiO$_2$纳米管阵列生长进程及微观结构的研究［J］.稀有金属材料与工程，2009，38（1）：29-33.

［5］ 张玉军，陆春，陈平，等.溶剂在高压静电纺丝中的作用［C］.//中国化学会高分子专业委员会.全国高分子学术论文报告会议论文集.2005.

［6］ GREINER A，刘呈坤，金立国.静电纺纳米纤维的应用［J］.合成纤维，2008，37（3）：45-51.

［7］ KATO N，SATO S，YAMANAKA A，et al. Silk protein，sericin，inhibits lipid peroxidation and tyrosinase activity［J］.Bioscience Biotechnology & Biochemistry，1998，62（1）：145-147.

第四章　丝胶蛋白/PEO/AgNO₃ 纳米纤维制备及抗菌性能研究

第一节　概述

一、纳米纤维

最近几年，纳米材料激起了人们的兴趣。经研究发现，由静电纺丝所得到的纤维的直径可以到纳米级，才使得静电纺丝技术得到人们的重视。现在，主要是化学和高分子领域的学者对静电纺丝技术进行研究，但是静电纺丝也涉及流体力学等，所以静电纺丝过程也得到了力学界的研究与关注。

本文所说的纳米材料是指基本单位在 $1 \sim 100nm$ 范围的合成材料，在立体三维空间中至少有一维在纳米级的新型材料。最近几年来，由于纳米材料结构独特、性能优异而广受各国学者们重视。在纳米技术逐渐显露出来的很短时间内，有很多发达国家就已经投入大量的人力和物力进行探索研究，把纳米技术放在短期的高科技开发研究项目。我国也把大量的精力放在了纳米技术的研究与开发，并确定纳米技术作为"高度重视并大力发展的九大关键技术"之一。

二、静电纺丝

静电纺丝又称电纺技术，是指一种高分子液体或熔体在高压电场的作用下，喷嘴射流拉伸的固体纳米纤维纺纱方法。1934 年，Formhals 发明了利用静电斥力生产纤维素聚合物纤维制造技术方案的设备，并申请了专利，自那时以来，许多研究人员对静电纺丝进行研究。静电纺丝纤维不但具有直径小的特点，而且还有诸多其他优点，如孔隙度高、精细程度高、手感好，并且具有一致性和高均匀性等，在化学、物理、热、光、磁和其他领域的特殊属性。静电纺丝在医学、工业、国防等有十分大的应用潜力。

1. 基本特点

静电纺丝实验设备是静电纺丝机。静电纺丝机一般包括高压电源、喷射装置和收集装置。喷射装置与收集装置距离一般为 15~25cm，加 0~50kV 的电压。纺丝液在高电压的作用下喷出，形成一道射流，是由液体表面的张力和弹性力所形成的。溶剂的蒸发和凝固融化，最终在接收设备形成纤维。

2. 静电纺丝的影响因素

影响静电纺丝的因素很多，其中最主要的影响因素包括药品的选择、溶液的浓度、电压高低、钢制针头与接收板的距离等。

（1）药品的选择。药品根据静电纺丝的类别、药品的挥发程度、药品与静电纺丝材料之间的相互影响进行选择。张玉军等选用异丙醇/水和 DMAC 作为溶剂，对浓度为 10% 的乙烯—乙烯醇嵌段共聚物溶液进行静电纺丝。

（2）药品的浓度。静电纺丝时，如果溶液的浓度低于某一个点时，静电纺丝时不会形成丝状物，而是会以液滴的状态滴落在收集板上，当溶液的浓度高于某一个点时，就会导致钢制针头内的纺丝溶液下落的速度特别缓慢，甚至不能流出，严重影响到纺丝的效率。史知峰等，以丙酮为溶剂，对静电纺丝纤维进行研究，确定了药品浓度的最佳比例，纺制出了效果优良的纳米纤维。

（3）电压高低。随着电压的增高，静电纺丝机内的电场强度变大，同时不锈钢针头内纺丝液的下落速度也会增大，所得到的纳米纤维就会更加细。因此，在纺丝液中适当加入一些导电但不影响纺丝溶液本身效果的物质，可以使静电纺丝所得到的纤维质量更加优良。

（4）钢制针头与接收板的距离。如果距离太近，不锈钢针头内的纺丝溶液还未经过纺丝机内的电场就已经滴落在收集板上，导致纺丝效果不佳；反之，如果距离过远，纺丝纤维会随着静电电场四处散落，难以收集。接收板滚筒示意图如图 4.1 所示。

3. 应用及发展前景

静电纺丝是最简约、方便、有效的纳米纤维制造方法，是最基本的科学技术。通过静电纺丝制备的纳米纤维在各个行业领域均有建树，但是因为目前静电纺丝法无法量产纳米纤维，静电纺丝研究的重点将围绕工业化、技术的应用和原理展开。

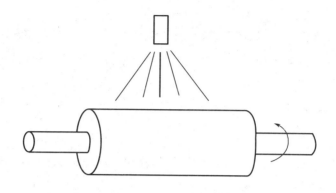

图 4.1　接收板滚筒示意图

通常情况下，用聚合物静电纺丝得到的纳米纤维具有独特的性能，比如，纳米纤维比表面积大、孔隙率高等独特结构性能，使其应用领域非常广泛，包括光电子器件、传感器技术、催化、过滤以及生物医学等。

第二节　丝胶蛋白／PEO／AgNO₃ 纳米纤维制备工艺

一、实验仪器、试剂

1. 实验试剂

氢氧化钠，次亚磷酸钠，柠檬酸，硝酸银，丝胶蛋白等。

2. 实验仪器

（1）FM—11 型静电纺丝设备。静电纺丝原理如图 4.2 所示。

实验所应用的静电纺丝原理是将其丝胶蛋白混合溶液通过以千伏为单位的高压静电，使喷头和接触板之间产生巨大的电磁场，进而形成强烈的电流，运行机器使其产生强大的电压，让电磁场的正极接在溶液所在的不锈钢针头上，而负极接在收集用的铝箔纸上。这样就会使溶液由正极向负极运动拉伸，并在不锈钢的针头上形成泰勒锥，溶液在高电压作用下形成射流，并且进行无规则的系统分裂，从而在铝箔纸上形成纳米纤维。静电纺丝所需求的高压电压一般为 5～30kV，而不锈钢针头与收集板的

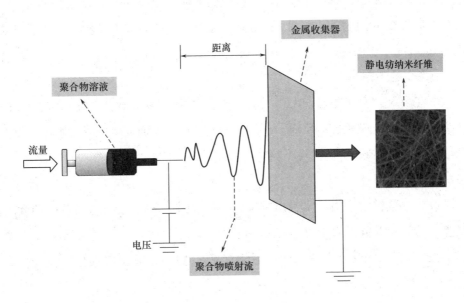

图 4.2　静电纺丝原理图

距离一般为 5~20cm。

本实验是利用静电纺丝技术制得新型的纳米纤维材料，在正常纺丝基础上使溶液载入纳米银，使其抗菌性能得到明显的增加。本实验所选用的电压均为 30kV 固定电压，在其他条件不变的条件下探索加入纳米银的量对丝胶纳米纤维的影响，并采用高倍的显微镜观察探索。

（2）马尔文纳米粒度 Zeta 电位分析仪。测量角度 173°，迁移率范围±10ucm m/Vs，温度范围 0~90℃。

粒径分析仪所采用的是 MIE 散射原理，粒径分析仪中有一束激光器，当发出激光器时会产生激光束，由于粒径的大小不一，产生光散射。散射光的角度与颗粒直径的大小成反比。散射光投射在角探测器，可以计算粒径的大小和分布。

二、实验操作

1. 丝胶蛋白溶液的制备分析

取丝胶（SS，相对分子质量 9 万）13g、氢氧化钠 0.2g、次亚磷酸钠 0.5g、柠檬酸 0.5g，蒸馏水 13g 制得丝胶溶液，通过蒸馏瓶在 60℃的温度下加热 60min，并且每次取硝酸银 40μL 分 10 次加入丝胶溶液中，从而得到静电纺丝溶液，得到浓度分别为 0.005%、0.01%、0.012%的载银丝胶溶液。

2. PEO 的制备

取 PEO（相对分子质量 60 万）20g、蒸馏水 180g 进行混合搅拌，由于 PEO 熔点约为 60℃，且能与水发生反应，也能与一般的有机溶剂发生反应，溶液有相当高的黏度。PEO 需在 60°C 的温度下持续搅拌 4h。

3. 纺丝溶液制备

丝胶蛋白载银溶液由于本身所具有的凝胶特性，导致在纳米制备的期间可纺性能差，所以本实验选择加入 PEO 进行混合纺丝。先将载银丝胶溶液加入烧杯中，再按 7∶3 的比例分别加入丝胶载银溶液和 PEO，用玻璃棒缓慢搅拌，均匀为止。

4. 纳米纤维制备

取制备完成的纺丝溶液加入到不锈钢针头中，在滚筒收集装置放入 5cm×5cm 的铝箔纸收集纳米纤维，打开静电纺丝仪器进行纳米纺丝，选取 30kV 电压，针头与收集板之间距离为 15cm，流量为 0.003mL/min，在针头形成泰勒锥进行拉伸纺丝，之后再到高倍显微镜上观察探讨纳米纤维形态及表征。

5. 纳米纤维膜抗菌性测试

本实验选用革兰氏阴性大肠杆菌和革兰氏阳性金黄色葡萄球菌作为测试菌种。采用振荡烧瓶法定量测试 Ag-SS/PEO 纳米纤维膜和 SS/PEO/Ag 纳米纤维膜的抗菌性。

将抗菌纳米纤维膜试样剪切成 0.5cm×0.5cm 试样，称取 0.75g±0.05g 分装包好，在 103kPa、121℃灭菌 15min 备用。将试样放入 250mL 的三角烧瓶中，分别加入 70mL PBS（0.3mmol/L）和 5mL 菌悬液，使其在 PBS 中浓度为 $1 \times 10^5 \sim 4 \times 10^5 CFU/mL$。然后将三角烧瓶固定于振荡摇床上，在作用温度为 24℃的条件下，以 150r/min 振摇 1h，分别从三角烧瓶中吸取 0.5mL 振摇前、后的细菌培养液，倒置在含有琼脂培养基的平板上，37℃培养 24h。抑菌率计算：

$$R = \frac{A - B}{A} \times 100\%$$

式中：R——抑菌率，%；

　　　A——试样培养 24h 前平板菌落数；

　　　B——试样培养 24h 后平板菌落数；

第三节　丝胶蛋白/PEO/AgNO₃ 纳米纤维性能研究

一、静电纺丝纤维形态分析

1. 硝酸银浓度的确定

在纺丝电压为 25kV 时，收集间距为 15cm，在室温的条件下，选取 AgNO₃ 的浓度分别为 0.005%、0.01%、0.012% 的丝胶蛋白溶液进行静电纺丝。丝胶蛋白/PEO/AgNO₃ 纳米纤维的形态如图 4.3～图 4.5 所示。

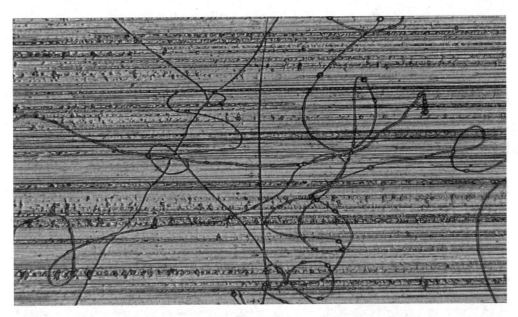

图 4.3　丝胶纳米纤维载入 AgNO₃ 浓度 0.005%

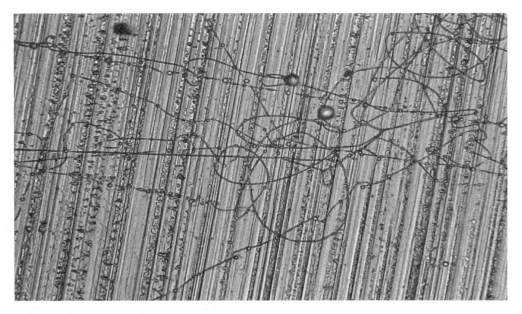

图 4.4　丝胶纳米纤维载入 $AgNO_3$ 浓度 0.01%

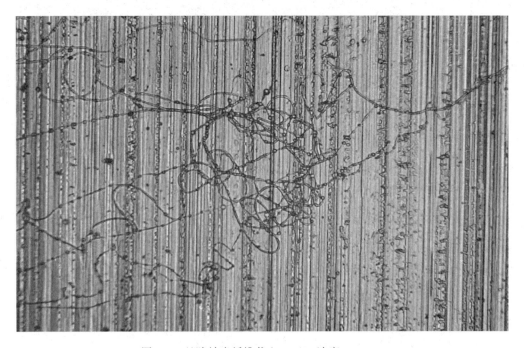

图 4.5　丝胶纳米纤维载入 $AgNO_3$ 浓度 0.012%

由图 4.3~图 4.5 可以看出，随着硝酸银浓度的增大，所纺丝后纳米银颗粒也越密集。这可能是由于硝酸银浓度越大，溶液含有的单质银的量也逐渐增大。

2. 纺丝电压的确定

在纺丝电压为 30kV 时，收集间距为 15cm，在室温的条件下，选取 AgNO₃ 的浓度分别为 0.005%、0.01%、0.012% 的丝胶蛋白溶液进行的静电纺丝。丝胶蛋白/PEO/AgNO₃ 纳米纤维的形态如图 4.6~图 4.8 所示。

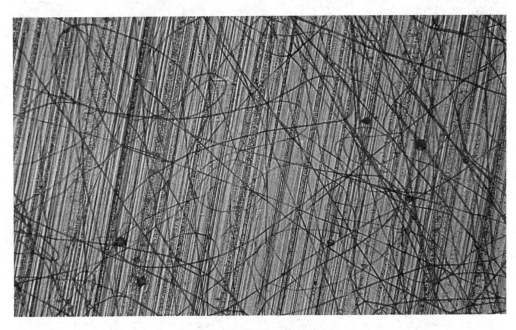

图 4.6　丝胶纳米纤维载入 AgNO₃ 浓度 0.005%

由图 4.3 与图 4.6、图 4.4 与图 4.7、图 4.5 与图 4.8 的对比可以看出，在纺丝电压为 30kV 时丝胶纳米纤维更密集，说明丝胶溶液更适合在 30kV 的电压下进行纺丝。

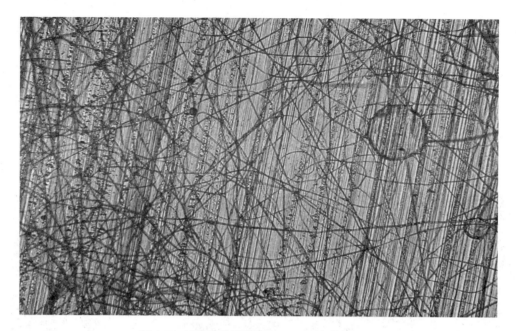

图 4.7 丝胶纳米纤维载入 $AgNO_3$ 浓度 0.01%

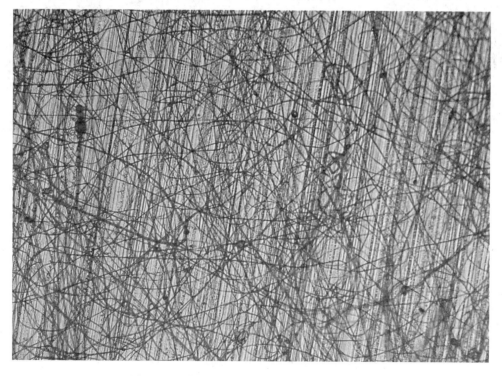

图 4.8 丝胶纳米纤维载入 $AgNO_3$ 浓度 0.012%

二、丝胶蛋白载银溶液稳定性分析

采用马尔文纳米粒度 Zeta 电位分析仪，取 1~1.5mL 已制备的丝胶溶液于激光粒度仪的测试皿中，测试丝胶蛋白载银溶液的稳定性。

1. 不同硝酸银浓度溶液粒度分析

由图 4.9~图 4.11 可知，随着硝酸银浓度的增大，纳米银粒径逐渐增大。当硝酸银浓度为 0.005% 时，丝胶蛋白/PEO/AgNO₃ 纳米纤维纳米银直径范围为 1~10nm。当硝酸银浓度为 0.01% 和 0.012% 时，丝胶蛋白/PEO/AgNO₃ 纳米纤维纳米银直径范围为 10~100nm。随着硝酸银浓度的增大，纳米银颗粒聚集性增强，进而使纳米银粒径增大。

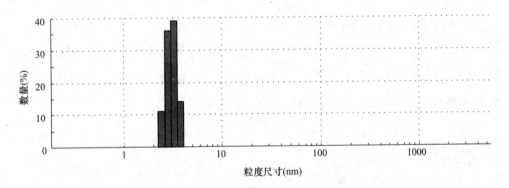

图 4.9　丝胶纳米纤维载入 AgNO₃ 浓度 0.005%

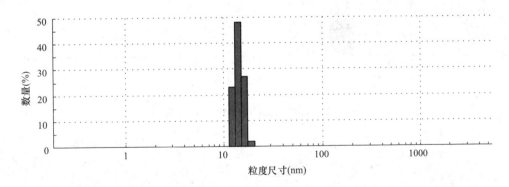

图 4.10　丝胶纳米纤维载入 AgNO₃ 浓度 0.01%

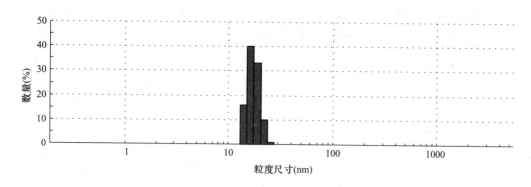

图 4.11 丝胶纳米纤维载入 AgNO$_3$ 浓度 0.012%

2. 不同配置时间溶液粒度分析

由于静电纺丝的过程中，随着时间越长丝胶会变得越黏稠，而为了探索纳米银制备时间对纳米银颗粒粒径的影响，本实验研究了不同制备时间含有 AgNO$_3$ 浓度 0.005% 的丝胶载银溶液，如图 4.12~图 4.14 所示。

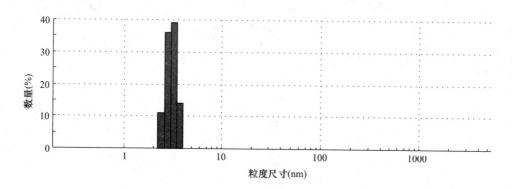

图 4.12 AgNO$_3$ 浓度 0.005%，时间 5min

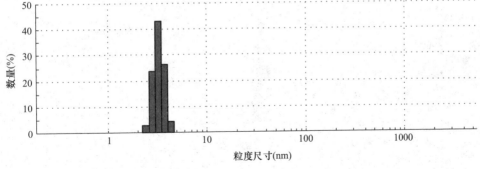

图 4.13 AgNO₃ 浓度 0.005%，时间 15min

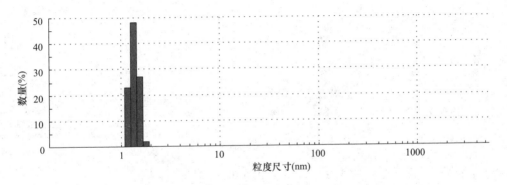

图 4.14 AgNO₃ 浓度 0.005%，时间 25min

由图 4.12～图 4.14 中可以看出，当丝胶载银溶液制备出来之后，由于时间的改变使溶液的粒径发生明显的变化，可能是由于丝胶载银溶液与空气中的某种物质发生反应。但是还可能有偶然性的发生，所以对硝酸银浓度为 0.01% 和 0.012% 做了如上的粒径分析。

如图 4.15～图 4.20 所示，结果表明，静置时间不同，丝胶载银溶液中纳米银粒径明显不同。当静置时间为 5min 时，纳米银粒径为 10nm，当继续延长静置时间至 25min 时，纳米银粒径会变成 4～5nm，使溶液变得更浓，更不利于纺丝。

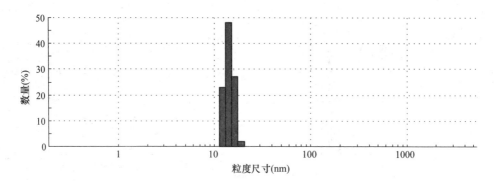

图 4.15 AgNO$_3$ 浓度 0.01%，时间 5min

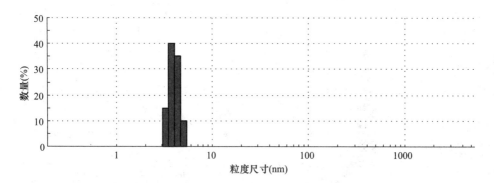

图 4.16 AgNO$_3$ 浓度 0.01%，时间 15min

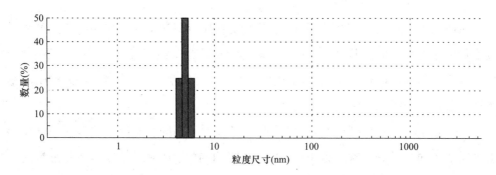

图 4.17 AgNO$_3$ 浓度 0.01%，时间 25min

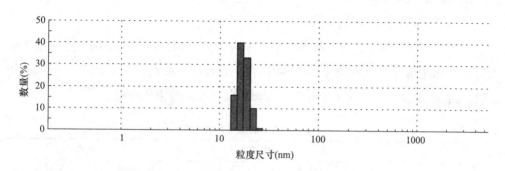

图 4.18　AgNO₃ 浓度 0.012%，时间 5min

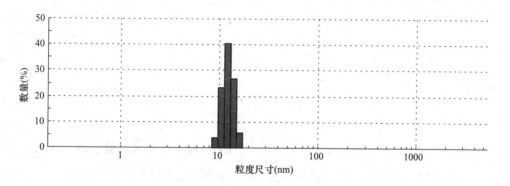

图 4.19　AgNO₃ 浓度 0.012%，时间 15min

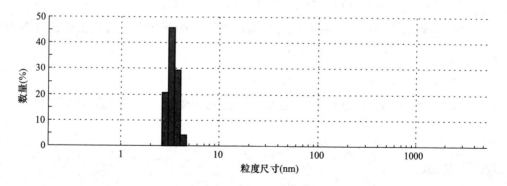

图 4.20　AgNO₃ 浓度 0.012%，时间 25min

三、纳米纤维膜抗菌性分析

纳米纤维膜的抗菌性能见表 4.1

从表 4.1 可以看出，大肠杆菌的抑菌率和金黄色葡萄球菌的抑菌率随着纳米银浓度的增加而增强。这可能是因为纳米银对细菌具有抑制作用。因此，可以使用 0.012% 的硝酸银浓度纺制纳米纤维，这样抑菌性能的效果比较好。

表 4.1 纳米纤维膜抗菌性能

纳米银浓度 （%）	大肠杆菌		金黄色葡萄球菌	
	细菌浓度 （CFU/mL）	抑菌率 （%）	细菌浓度 （CFU/mL）	抑菌率 （%）
0.005	8.04×10^5	65.03	0.50×10^5	50.79
0.01	4.24×10^5	70.11	1.12×10^5	61.45
0.012	2.24×10^5	85.25	5.20×10^4	70.97

小结

本实验利用静电纺丝技术制备丝胶蛋白/PEO/AgNO$_3$ 纳米纤维材料，纺丝体系中引入纳米银，赋予纳米纤维材料抗菌性能，测试结果如下。

（1）在纺丝电压为 25kV 时，收集间距为 15cm，在室温的条件下，随着硝酸银浓度的增大，丝胶纳米纤维上的纳米银也越密集。

（2）当纺丝电压为 30kV 时，纺丝效果好于 25kV 时。

（3）纺丝溶液中硝酸银浓度增大，纳米银粒径逐渐增大，纳米银直径范围为 1~100nm。

（4）溶液配制时间对纳米银粒度有影响，影响纺丝效果。

（5）抗菌测试表明，纳米银浓度增大，大肠杆菌和金黄色葡萄球菌的抑菌率也增大。

参考文献

［1］卫英慧.静电纺 PVA/PEO/MWNTs 复合纤维的制备及形态和结构的研究 ［D］.

太原：太原理工大学，2010.

[2] 李克弯. 丝绵脱胶废水中丝胶提取工艺及其应用研究 [D]. 苏州：苏州大学，2010.

[3] 王伟，齐鲁. 丝胶蛋白材料的研究与应用进展 [D]. 天津：天津工业大学，2009.

[4] 李有贵，石连根，方晓毓. 丝胶效用的研究进展 [J]. 桑蚕通报，2004（35）：10-13.

[5] ROUSSEAU M E, LEFEVRE T, BEAULIEU L, et al. Study of protein conformation and orientation in silkworm and spider silk fibers using raman microspectroscopy [J]. Bio-macromolecules, 2004, 5（6）：2247-2257.

[6] MONTI P, TADDEI P, FREDDI G, et al. Raman spectroscopic characterization of Bombyx mori silk fibroin：Raman spectrum of Silk Ⅰ [J]. Journal of Raman Spectroscopy, 2001, 32（2）：103-107.

[7] FOO C W P, BINI E, HENSMAN J, et al. Role of pH and charge on silk protein assembly in insects and spiders [J]. Applied Physics a-Materials Science & Processing, 2006, 82（2）：223-233.

[8] 宋倩. 两步交联法制备角蛋白/PEO静电纺纳米纤维膜的工艺及研究性能 [D]. 天津：天津工业大学，2014.

[9] YOON K, KIM K, WANG X F, et a. High flux ultra-filtration membranes based on electrospun nanofibrous PAN scaffolds and chitosan coating [J]. Polymer, 2006, 47（7）：2434-2441.

[10] 覃小红，王新威，胡祖明，等. 静电纺丝聚丙烯腈纳米纤维工艺参数与纤维直径关系的研究 [J]. 东华大学学报，2005, 31（6）：16-21.

[11] PEDAHZUR R, SHUVAL H I, ULITZUR S. Silver and hydrogen peroxide as potential drinking water disinfectants their bactericidal effects and possible modes of action [J]. Water Science and Technology, 1997, 35（12）：87-93.

第五章　离子液体作为功能助剂用于柞蚕丝脱胶研究

第一节　概述

中国是世界上最早养蚕、种桑、织绸、缫丝的国家之一，到目前为止已经延续了六千年的悠久历史，在众多纺织面料中，蚕丝是高档纺织面料之一，素来被人们冠以"纤维皇后"的美称。蚕丝拥有柔和的光泽、平滑的手感、轻盈悦目的外观，蚕丝制品吸湿性较好，穿着柔软舒适，悬垂性良好，这些优良特性是其他任何纺织纤维无法相提并论的。蚕有家蚕和野蚕两大种类。家蚕在室内饲养，以进食桑树叶为主，吐出的丝称为桑蚕丝或家蚕丝，俗称真丝，其产量是蚕丝中最高的，应用最为广泛。桑蚕丝单丝的横截面类似三角形，三边相差不大，角略圆钝，脱胶以后的桑蚕丝素纤维纵向具有光滑均匀的棒状外观。野蚕在野外饲养，吐出的丝分为柞蚕丝、木薯蚕丝、蓖麻蚕丝、樟蚕丝等，其中柞蚕丝的产量仅次于桑蚕丝；柞蚕丝单丝的截面三角形狭长扁平，呈锐角三角形或楔形而不规整，纵向有卷曲和条纹，柞蚕丝的单丝上有较多的毛细孔，越靠近纤维中心越粗。柞蚕丝是天然蛋白质纤维，产于自然界，远离工业污染，拥有透气、吸湿、抗菌、防紫外线、保健皮肤的功效，即使水分达到30%以上，也不会有潮湿的感觉，并兼有粗犷豪放、雍容华贵的特点，吸入并同时散发水分的能力较好，所以不会产生紧贴在人体表面皮肤上的感觉。近几年来，高档家庭用品和高级装饰品很多采用柞蚕丝，柞蚕丝耐酸耐碱能力优于桑蚕丝，在长时间的紫外线照射下，脆化度明显小于其他蚕丝。

蚕丝中除了纤维的主体丝素外，还含有丝胶、脂蜡、色素、无机物和碳水化合物等天然杂质，以及因织造所需添加的浸渍助剂、为识别捻向所用的着色剂和操作中沾染的油污等人为杂质。这些杂质的存在不仅有损于丝绸柔软、光亮和洁白等优良品质，而且还会使坯难以被水及染化料溶液润湿而妨碍染色、印花和后整理等。

离子液体作为一种新型溶剂正在快速发展，被认为是继超临界 CO_2 之后的"新一代绿色溶剂"，在各个领域被广泛关注。作为一种强极性溶剂，离子液体可以溶解大部分天然高分子物质。国内外研究者已发现，离子液体能够很好地溶解纤维素、丝素蛋白、角蛋白、甲壳素和淀粉，因此，离子液体在天然纤维的溶解再生方面必将大有作为。文献关于离子液体对蛋白质溶解性能的研究显示，1-丁基-3-甲基咪唑溴代盐离子液体（Bmim Br）对蛋白质有良好的溶解力，可用于蛋白质纤维的再生。对于柞蚕丝纤维的染整加工来说，无疑开拓了一个新的领域。

第二节　离子液体作为助剂脱胶柞蚕丝工艺

一、实验仪器及试剂

1. 实验试剂（表 5.1）

表 5.1　实验试剂

试剂名称	级别	生产厂家
未脱胶柞蚕丝	5023 号	市售
N-甲基咪唑	化学纯（CP）	国药集团化学试剂有限公司
溴代正丁烷	化学纯（CP）	国药集团化学试剂有限公司
溴代异丙烷	化学纯（CP）	国药集团化学试剂有限公司
氯代正丁烷	化学纯（CP）	国药集团化学试剂有限公司
氯代异丙烷	化学纯（CP）	国药集团化学试剂有限公司
乙酸乙酯	分析纯（AR）	国药集团化学试剂有限公司
无水乙醇	分析纯（AR）	国药集团化学试剂有限公司
颗粒活性炭	分析纯（AR）	国药集团化学试剂有限公司
无水碳酸钠	分析纯（AR）	国药集团化学试剂有限公司
硅酸钠	分析纯（AR）	沈阳诚工试剂有限公司
氯化钠	分析纯（AR）	沈阳诚工试剂有限公司

试剂名称	级别	生产厂家
肥皂	市售	
平平加 O	市售	丹东市化学试剂厂
直接桃红 12B	工业用	丹东富达染料

2. 实验仪器（表 5.2）

表 5.2　实验仪器

仪器名称	仪器型号	生产公司	产地	备注
恒温水浴锅	HH-6	国华电器有限公司		
电动搅拌器	JJ-1	金坛市恒丰仪器厂		转速：3000r/min
电热鼓风箱	702-2	金坛市恒丰仪器厂 大连实验设备厂	大连	
电子天平	YP600	上海第二天平仪器厂	上海	精密度：0.0001g
pH 计	pHs-3c	上海精科	上海	
毛细效应测试仪	LCK-800	北京光学仪器厂	北京	
白度仪	ADCI-60	温州纺织仪器厂		
振动染样机	XW-ZDR-25*12			
摩擦牢度试验仪				
测色配色仪	X-riteColor-Eye7000A	Macbise		
织物强力机	YG（B）026H-250	温州大荣纺织仪器有限公司	温州	
紫外可见分光光度计	T6 新世纪	北京普析通用仪器有限公司	北京	

二、实验操作工艺

1. 离子液体合成

采用直接法合成 1-正丁基-3-甲基咪唑溴代盐离子液体。

N-甲基咪唑与溴代正丁烷物质的量的比为 1∶1.1。

反应流程：N-甲基咪唑与溴代正丁烷混合，70℃加热，搅拌 48h，真空抽滤，得到黄色黏稠液体，采用乙酸乙酯洗涤 3 次，加入活性炭在 70℃条件下脱色 24h。

1-正丁基-3-甲基咪唑氯代盐、1-异丙基-3-甲基咪唑氯代盐、1-异丙基-3-甲基咪唑溴代盐三种离子液体合成方法相同，只是在合成 1-异丙基-3-甲基咪唑氯代盐时，温度为 40℃ 即可。

2. 离子液体脱胶工艺

处理温度：98℃；处理时间：60min；浴比：1∶50。

水洗工艺流程：95℃（热水洗）→60℃水洗→冷水洗

3. 皂碱法脱胶工艺（表5.3）

工艺流程：预处理（85℃，60min）→初练（98℃，60min）→复练（98℃，60min）→95℃热水洗→60℃水洗→冷水洗

工艺处方：浴比为 1∶50。

表 5.3　皂碱法脱胶工艺处方

试剂名称	预处理 试剂用量（g/L）	初练 试剂用量（g/L）	复练 试剂用量（g/L）
肥皂		3.0	
碳钠酸	1.0	1.8	0.7
硅酸钠（35%）		1.6	
平平加 O		0.3	

4. 直接染料染色工艺

直接桃红 12B：2%（owf）；食盐：10g/L；染色温度：90℃；染色时间：45min；浴比：1∶50。

直接染料染色工艺曲线如图 5.1 所示。

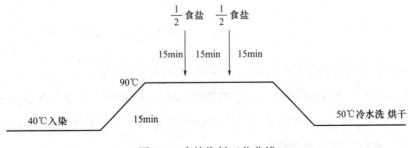

图 5.1　直接染料工艺曲线

5. 脱胶率、强力下降率的计算公式

（1）脱胶率计算公式：

$$脱胶率 = \frac{脱胶前织物的重量 - 脱胶后织物的重量}{脱胶前织物的重量} \times 100\%$$

（2）强力下降率计算公式：

$$强力下降率 = \frac{处理前断裂强力 - 处理后断裂强力}{处理前断裂强力} \times 100\%$$

第三节　离子液体作为助剂脱胶柞蚕丝结果及分析

一、离子液体用量对柞蚕丝脱胶性能的影响

称取未脱胶的柞蚕丝织物 5 份，在溶液 pH 为 1 条件下，分别在含有 0.2mL、0.4mL、0.6mL、0.8mL、1.0mL 1-正丁基-3-甲基咪唑溴代盐离子液体的水溶液（水溶液为 50mL）中进行脱胶，测得的脱胶率如图 5.2 所示。

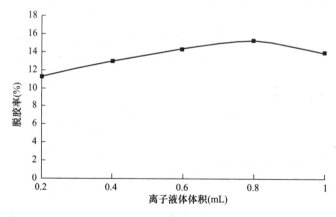

图 5.2　1-正丁基-3-甲基咪唑溴代盐离子液体用量—脱胶率关系图

分别测量上述 5 种织物的白度、断裂强度以及毛效，见表 5.4。

称取未脱胶的柞蚕丝织物 5 份，在溶液 pH 为 1 条件下，分别在含有 0.2mL、0.4mL、0.6mL、0.8mL、1.0mL 1-异丙基-3-甲基咪唑溴代盐离子液体的水溶液中进行脱胶，测得的脱胶率如图 5.3 所示。

表 5.4　白度、断裂强度以及毛效情况

离子液体用量（mL）	白度	断裂强度（N）	断裂损失（%）	毛效（cm）
0.2	73.10	708.49	13.98	9.6
0.4	72.94	702.14	14.75	9.6
0.6	72.23	690.78	16.13	9.8
0.8	72.46	693.83	15.76	10.4
1.0	71.88	731.55	11.18	10.5

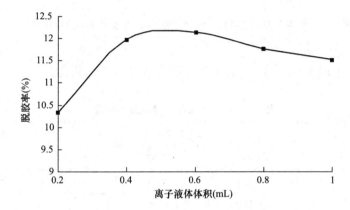

图 5.3　1-异丙基-3-甲基咪唑溴代盐离子液体用量—脱胶率关系图

分别测量上述 5 种织物的白度、断裂强度以及毛效，见表 5.5。

表 5.5　白度、断裂强度以及毛效情况

离子液体用量（mL）	白度	断裂强度（N）	断裂损失（%）	毛效（cm）
0.2	72.83	693.40	15.81	9.5
0.4	72.46	725.65	11.90	9.7
0.6	72.61	714.85	13.21	9.9
0.8	71.77	709.97	13.80	10.3
1.0	71.20	699.76	15.04	10.3

称取未脱胶的柞蚕丝织物 5 份，在溶液 pH 为 1 条件下，分别在含有 0.5mL、1.0mL、1.5mL、2.0mL、2.5mL 1-正丁基-3-甲基咪唑氯代盐离子液体的水溶液中进行脱胶，测得的脱胶率如图 5.4 所示。

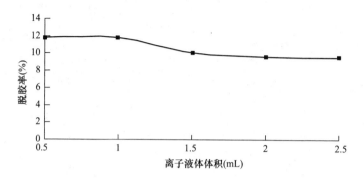

图5.4 1-正丁基-3-甲基咪唑氯代盐离子液体用量—脱胶率关系图

分别测量上述 5 种织物的白度、断裂强度以及毛效，见表 5.6。

表 5.6 白度、断裂强度以及毛效情况

离子液体用量（mL）	白度	断裂强度（N）	断裂损失（%）	毛效（cm）
0.5	72.24	683.30	17.04	9.8
1.0	71.31	670.98	18.53	9.8
1.5	71.33	695.38	15.57	9.9
2.0	70.79	735.75	10.67	10.2
2.5	70.34	671.63	18.45	10.5

称取未脱胶的柞蚕丝织物 5 份，在溶液 pH 为 1 条件下，分别在含有 0.5mL、1.0mL、1.5mL、2.0mL、2.5mL 1-异丙基-3-甲基咪唑氯代盐离子液体的水溶液中进行脱胶，测得的脱胶率如图 5.5 所示。

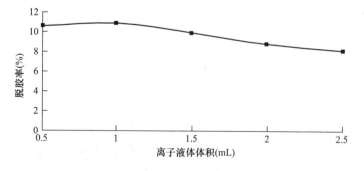

图5.5 1-异丙基-3-甲基咪唑氯代盐离子液体用量—脱胶率关系图

分别测量上述 5 种织物的白度、断裂强度以及毛效，见表 5.7。

表 5.7　白度、断裂强度以及毛效情况

离子液体用量（mL）	白度	断裂强度（N）	断裂损失（%）	毛效（cm）
0.5	71.36	689.05	16.34	9.7
1.0	71.48	698.69	15.17	9.6
1.5	70.83	727.84	11.63	9.6
2.0	70.24	696.87	15.39	9.7
2.5	70.10	681.72	17.23	9.9

由图 5.2~图 5.5 可以看出，在相同酸度条件下，1-正丁基-3-甲基咪唑溴代盐离子液体体积为 0.8mL 时脱胶效果最好；1-异丙基-3-甲基咪唑溴代盐离子液体体积为 0.6mL 时脱胶效果最好；1-正丁基-3-甲基咪唑氯代盐离子液体体积为 1.0mL 时脱胶效果最好；1-异丙基-3-甲基咪唑氯代盐离子液体体积为 1.0mL 时脱胶效果最好。

从表 5.4~表 5.7 可以看出，在相同酸度条件下，随着离子液体体积的增加，织物的白度有所下降，可能是离子液体上到织物表面，因其本身略带一种微黄色而影响了织物的白度。随着离子液体体积的增加，织物毛效变好，说明织物的吸湿性有所改善。织物的断裂强力变化没有规律，一方面可能是由于离子液体的处理使其强力降低，另一方面由于处理后纱线的密度变大、强力变大，两者的复杂作用导致断裂强力变化没有规律。

二、溶液 pH 对柞蚕丝脱胶性能的影响

称取未脱胶的柞蚕丝织物 5 份，在溶液中分别加入 0.8mL 的 1-正丁基-3-甲基咪唑溴代盐离子液体，在不同 pH 条件下进行脱胶，测得的脱胶率如图 5.6 所示。

分别测量上述 5 种织物的白度、断裂强度以及毛效，见表 5.8。

称取未脱胶的柞蚕丝织物 5 份，在溶液中分别加入 0.6mL 的 1-异丙基-3-甲基咪唑溴代盐离子液体，在不同 pH 条件下进行脱胶，测得的脱胶率如图 5.7 所示。

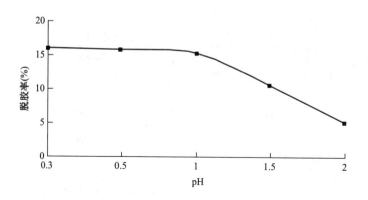

图 5.6　pH—脱胶率关系曲线图

表 5.8　白度、断裂强度以及毛效情况

溶液 pH	白度	断裂强度（N）	断裂损失（%）	毛效（cm）
0.3	73.24	492.94	40.15	11.4
0.5	72.87	519.54	36.92	10.9
1.0	72.51	697.00	15.37	10.5
1.5	70.71	714.83	13.21	9.6
2.0	70.46	755.07	8.324	7.3

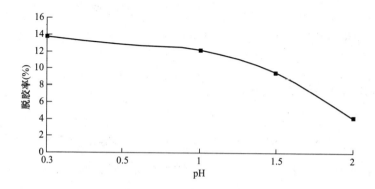

图 5.7　pH—脱胶率关系曲线图

　　分别测量上述 5 种织物的白度、断裂强度以及毛效，见表 5.9。

表5.9 白度、断裂强度以及毛效情况

溶液 pH	白度	断裂强度（N）	断裂损失（%）	毛效（cm）
0.3	72.98	502.99	38.93	10.9
0.5	72.77	595.57	27.69	10.2
1.0	72.59	710.88	13.69	9.9
1.5	70.62	716.39	13.02	9.6
2.0	70.44	764.86	7.135	7.2

称取未脱胶的柞蚕丝织物5份，在溶液中分别加入1.0mL的1-正丁基-3-甲基咪唑氯代盐离子液体，在不同pH条件下进行脱胶，测得的脱胶率如图5.8所示。

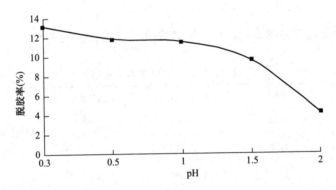

图5.8 pH—脱胶率关系曲线图

分别测量上述5种织物的白度、断裂强度以及毛效，见表5.10。

表5.10 白度、断裂强度以及毛效情况

溶液 pH	白度	断裂强度（N）	断裂损失（%）	毛效（cm）
0.3	72.96	426.39	48.23	10.9
0.5	71.20	599.48	27.21	9.9
1.0	71.57	676.63	17.85	9.7
1.5	70.54	687.54	16.52	9.5
2.0	70.23	765.19	7.095	7.2

称取未脱胶的柞蚕丝织物5份，在溶液中分别加入1.0mL的1-异丙基-3-甲基

咪唑氯代盐离子液体，在不同 pH 条件下进行脱胶，测得的脱胶率如图 5.9 所示。

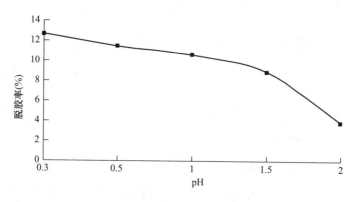

图 5.9　pH—脱胶率关系曲线图

分别测量上述 5 种织物的白度、断裂强度以及毛效，见表 5.11。

表 5.11　白度、断裂强度以及毛效情况

溶液 pH	白度	断裂强度（N）	断裂损失（%）	毛效（cm）
0.3	72.74	494.34	39.98	10.2
0.5	71.56	579.59	29.63	9.7
1.0	71.41	685.67	16.75	9.6
1.5	70.86	696.05	15.49	9.4
2.0	69.77	773.19	6.124	6.8

由图 5.6~图 5.9 及表 5.8~表 5.11 可知，在相同离子液体用量情况下，织物的脱胶率随着酸度增加而增加，白度和毛效也随之改善；但酸度太大会使织物的强度损失严重。综合分析后可知，四种离子液体脱胶的最适溶液 pH 为 1。

三、不同烷基侧链离子液体的柞蚕丝脱胶性能分析

测得 1-正丁基-3-甲基咪唑溴代盐和 1-异丙基-3-甲基咪唑溴代盐处理织物的脱胶率，如图 5.10 所示；测得 1-正丁基-3-甲基咪唑氯代盐和 1-异丙基-3-甲基咪唑氯代盐处理织物的脱胶率，如图 5.11 所示。

由图 5.10、图 5.11 可以看出，1-正丁基-3-甲基咪唑溴代盐处理柞蚕丝织物

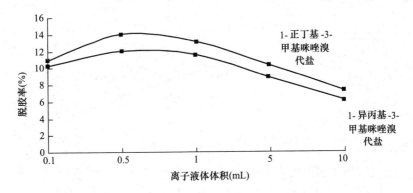

图 5.10　不同阳离子离子液体脱胶效果的对比图

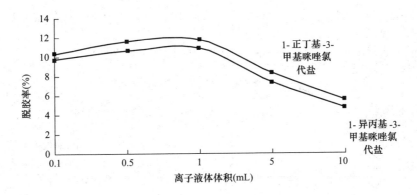

图 5.11　不同阳离子离子液体脱胶效果的对比图

的脱胶率要高于 1-异丙基-3-甲基咪唑溴代盐处理柞蚕丝织物的脱胶率；1-正丁基-3-甲基咪唑氯代盐处理柞蚕丝织物的脱胶率要高于 1-异丙基-3-甲基咪唑氯代盐处理柞蚕丝织物的脱胶率。由此而知，由于阳离子的不同，离子液体的溶解性存在差异。这可能因为阳离子的烷基为支链的离子液体比阳离子的烷基为直链的离子液体的极性大，使酸更加充分地溶解在其中，减缓了酸的释放速率，从而影响了织物的脱胶率。

四、不同阴离子离子液体的柞蚕丝脱胶性能分析

测得 1-正丁基-3-甲基咪唑溴代盐和 1-正丁基-3-甲基咪唑氯代盐处理织物的脱胶率，如图 5.12 所示。测得 1-异丙基-3-甲基咪唑溴代盐和 1-异丙基-3-甲基

咪唑氯代盐处理织物的脱胶率如图 5.13 所示。

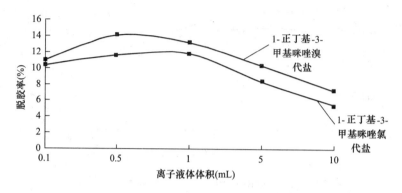

图 5.12　不同阴离子离子液体脱胶效果的对比图

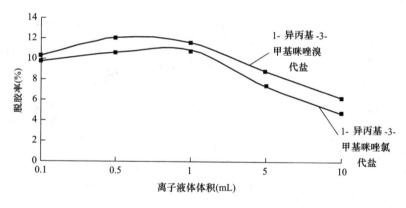

图 5.13　不同阴离子离子液体脱胶效果的对比图

　　由图 5.12、图 5.13 可以看出，1-正丁基-3-甲基咪唑溴代盐处理柞蚕丝织物的脱胶率要高于 1-正丁基-3-甲基咪唑氯代盐处理柞蚕丝织物的脱胶率。1-异丙基-3-甲基咪唑溴代盐处理柞蚕丝织物的脱胶率要高于 1-异丙基-3-甲基咪唑氯代盐处理柞蚕丝织物的脱胶率。由此而知，由于阴离子的不同，离子液体的溶解性存在差异。这可能因为丝胶在酸性电解质中带有正电荷，而氯离子比溴离子的电负性更强，阴离子为氯离子的离子液体更容易上到织物表面，影响脱胶率。

五、皂碱法与离子液体处理未脱胶柞蚕丝的实验对比

　　称取未脱胶的柞蚕丝织物 5 份，经皂碱法脱胶测得织物的脱胶率见表 5.12。

表 5.12　皂碱法脱胶柞蚕丝织物的情况

序号	织物原重（g）	脱胶后织物重（g）	脱胶率（%）
1	1.4321	1.2464	12.97
2	1.5424	1.3383	13.23
3	1.4678	1.2790	12.86
4	1.5397	1.3452	12.63
5	1.4446	1.2509	13.41
平均值			13.02

测得上述织物的白度、断裂强度及毛效，见表 5.13。

表 5.13　白度、断裂强度及毛效情况

序号	白度	断裂强度（N）	断裂损失（%）	毛效（cm）
1	73.21	704.53	14.46	10.6
2	73.35	698.36	15.21	10.7
3	73.04	703.71	14.56	10.5
4	72.86	721.53	12.40	10.5
5	73.59	712.14	13.54	10.7
平均值	73.21	708.05	14.03	10.6

称取未脱胶的柞蚕丝织物 5 份，用 1-正丁基-3-甲基咪唑溴代盐离子液体在最适条件下，即溶液 pH 为 1，离子液体用量为 0.8mL，进行脱胶。测得的脱胶率见表 5.14。

表 5.14　1-正丁基-3-甲基咪唑溴代盐离子液体脱胶柞蚕丝织物的情况

序号	织物原重（g）	脱胶后织物重（g）	脱胶率（%）
1	1.4927	1.2654	15.23
2	1.4836	1.2541	15.47
3	1.5469	1.3166	14.89
4	1.4645	1.2362	15.59
5	1.4493	1.2325	14.96
平均值			15.23

测得上述织物的白度、断裂强度及毛效见表 5.15。

表 5.15　白度、断裂强度及毛效情况

序号	白度	断裂强度（N）	断裂损失（%）	毛效（cm）
1	72.24	697.87	15.27	10.5
2	72.63	715.96	15.04	10.6
3	71.55	703.21	14.62	10.3
4	72.86	695.98	15.50	10.6
5	71.98	699.53	15.07	10.3
平均值	71.98	702.51	15.10	10.5

从表 5.12～表 5.15 可以看出，1-正丁基-3-甲基咪唑溴代盐离子液体处理后的柞蚕丝织物的脱胶率比皂碱法处理后的要高，但是柞蚕丝织物处理后的白度不及皂碱法好，二者处理后织物的断裂强度损失和毛效相似。从二者的脱胶工艺来看，离子液体脱胶的操作更加简便，用时少，脱胶效率更高。由此可见，利用离子液体优良的溶解性能，可在蚕丝脱胶中进行应用，为蚕丝的脱胶方法提供新的途径。

六、离子液体脱胶柞蚕丝的染色性能

根据直接染料的染色工艺，分别对上述利用 1-正丁基-3-甲基咪唑溴代盐、1-异丙基-3-甲基咪唑溴代盐、1-正丁基-3-甲基咪唑氯代盐、1-异丙基-3-甲基咪唑氯代盐四种离子液体脱胶后的柞蚕丝织物进行染色，染色后测得织物的上染百分率和 K/S 值，见表 5.16～表 5.19 所示。

表 5.16　上染百分率和 K/S 值情况（1-正丁基-3-甲基咪唑溴代盐处理的织物）

脱胶时离子液体体积（mL）	染前吸光度	染后吸光度	上染百分率（%）	K/S 值
0.1		0.255	51.24	12.763
0.5		0.235	55.07	13.872
1.0	0.523	0.224	57.17	14.164
5.0		0.212	59.46	14.926
10.0		0.206	60.61	15.153

表 5.17　上染百分率和 K/S 值情况（1-异丙基-3-甲基咪唑溴代盐处理的织物）

脱胶时离子液体体积（mL）	染前吸光度	染后吸光度	上染百分率（%）	K/S 值
0.1		0.251	52.01	12.983
0.5		0.248	52.58	13.247
1	0.523	0.239	54.30	13.478
5		0.231	55.83	13.987
10		0.219	58.13	14.419

表 5.18　上染百分率和 K/S 值情况（1-正丁基-3-甲基咪唑氯代盐处理的织物）

脱胶时离子液体体积（mL）	染前吸光度	染后吸光度	上染百分率（%）	K/S 值
0.1		0.256	51.05	12.745
0.5		0.254	51.43	12.826
1	0.523	0.248	52.58	13.149
5		0.239	54.30	13.578
10		0.23	56.02	14.016

表 5.19　上染百分率和 K/S 值情况（1-异丙基-3-甲基咪唑氯代盐处理的织物）

脱胶时离子液体体积（mL）	染前吸光度	染后吸光度	上染百分率（%）	K/S 值
0.1		0.275	47.42	11.753
0.5		0.272	47.99	11.997
1	0.523	0.265	49.33	12.148
5		0.254	51.43	12.954
10		0.237	54.68	13.782

由表 5.16~表 5.19 可知，脱胶时使用的离子液体的用量越多，织物染色后的上染百分率越大，K/S 值也越大。这可能是因为柞蚕丝织物脱胶时，使用的离子液体用量越多，上到织物表面的离子液体含量就越多，织物的吸湿性变得越好，有助于织物被直接染料溶液润湿，提高上染百分率及 K/S 值。

小结

（1）本实验用直接法合成了 1-正丁基-3-甲基咪唑溴代盐、1-异丙基-3-甲基咪唑溴代盐、1-正丁基-3-甲基咪唑氯代盐、1-异丙基-3-甲基咪唑氯代盐四种离子液体。

（2）使用四种离子液体对柞蚕丝织物进行脱胶，由实验结果分析得出，柞蚕丝织物经过离子液体处理后，部分丝胶蛋白溶解在离子液体中，而且部分离子液体也上到纤维表面，与纤维以某种价键结合。

（3）通过单因素分析实验，找出了四种离子液体脱胶的最佳工艺。1-正丁基-3-甲基咪唑溴代盐：离子液体用量为 0.8mL，溶液 pH 为 1；1-异丙基-3-甲基咪唑溴代盐：离子液体用量为 0.6mL，溶液 pH 为 1；1-正丁基-3-甲基咪唑氯代盐：离子液体用量为 1.0mL，溶液 pH 为 1；1-异丙基-3-甲基咪唑氯代盐：离子液体用量为 1.0mL，溶液 pH 为 1。

（4）通过对织物脱胶后多种指标的测定可以看出，随着离子液体用量的增加，织物脱胶后的吸湿性变好，但白度下降。

（5）对离子液体脱胶后的织物用直接染料进行染色发现，前期使用的离子液体的用量越多，织物染色后上染百分率和 K/S 值就越高，染色性能越好。

（6）对比不同阳离子、阴离子离子液体对柞蚕丝织物的脱胶情况可知，1-正丁基-3-甲基咪唑溴代盐离子液体处理织物的效果最好。

（7）对比皂碱法与离子液体对柞蚕丝织物的脱胶情况以及后期脱胶后织物的染色情况可知，离子液体处理织物的效果要优于皂碱法。

由此可见，离子液体对柞蚕丝的脱胶效果较好，而且有利于提升柞蚕丝的染色性能，这对于印染行业的清洁化生产具有很好的示范意义。

参考文献

［1］阎克路. 染整工艺与原理（上册）［M］. 北京：中国纺织出版社，2009.

［2］王均凤，张锁江，陈慧萍，等. 离子液体的性质及其在催化反应中的应用［J］. 过程工程学报，2003，3（2）：177-185.

［3］SEDDON K R. Ionic liquids for clean technology［J］. Chem. Biotechal，1997，9（2）：351-356.

［4］ SEDDON K R. Ionic liquids-fact and fiction ［J］. Chemistry Today，200，24（2）：16-23.

［5］ HOLBREY J D，Seddon K R. Ionic liquids ［J］. Clean Products and Processes，1999，1：223-236.

［6］ 胡德荣，张新位，赵景芝. 离子液体简介 ［J］. 首都师范大学学报：自然科学报，2005，26（2）：6-11.

［7］ WASSERSCHEID P，KEIMW. Ionic liquids-new solutions for transition metal catalysis ［J］. Angew. Chem. Int. ED，2000（9）：3773-3789.

［8］ WLIKES J S. A short history of ionic liquids-from molten salts to neoteric solvents ［J］. Green Chem，2002，4（2）：73-80.

［9］ WILKES J S，ZAWOROTKO M J. Air and water stable 1-ethyl-3-methylimidazolium based ionic liquids ［J］. J. Chem. Soc. Chem. Commun，1992（13）：965-966.

［10］ 李婷，武晓伟，施亦东，等. 纳米二氧化钛的分散及其在织物整理工艺的研究 ［J］. 印染助剂，2007，24（7）：34-37.

［11］ YANG X H，CHEN Y X，SHI Y Y，et aL. Research on the prepazation of sol TiO$_2$ and its application of silk fabric finishing ［C］. Chengdu：Proceedings of the 2007 China-Japan Symposiam on Highpolymer and Fibers，2007：85-92.

［12］ 张锁江，吕兴梅. 离子液体从基础研究到工业应用 ［M］. 北京：科学出版社，2006：1-2.

［13］ 李汝雄，王建基. 绿色溶剂离子液体的制备与应用 ［J］. 化工进展，2002，21（1）：43-48.

［14］ 任强，武进，张军，等. 1-烯丙基-3-甲基咪唑室温离子液体的合成及其对纤维溶解性能的初步研究 ［J］. 高分子学报，2003（3）：448-451.

［15］ 郭明，虞哲良，李铭慧，等. 咪唑类离子液体对微品纤维索溶解性能的初步研究 ［J］. 生物质化学工程，2006，40（6）：9-12.

［16］ ROY M. Broughton. Investigation of organic liquids for fiber extrusion ［J］. National Textile Center Annual Report，2006（9）：1-8.

［17］ PHILIPS D M，DRUMMY L F，CONRADY D G，et aL. Dissolution and regeneration of bombyx inori silk fibroin using ionic liquids ［J］. J. Am. Chem. Soc.，2004，

126（44）：14350-14351.

[18] XIE H B, LI S H, ZHANG S B. Ionic liquids as novel solvents for the dissolution and blending of wool keratin fibers ［J］. Green Chem. , 2005（7）: 606-608.

[19] ATANU BISWAS, SHOGREN R L, STEVENSON D C, et al. Ionic liquids as solvents for biopolymers: Acylation of starchandzein protein ［J］. Carbohydrate Polymers, 2006,（66）: 546-550.

[20] DAVID G. STEVENSON, ATANU BISWAS, GEORGE E. INGLETT, et al. Changes in structure and properties of starch of four botanical sources dispersed in the ionic liquid, 1-butyl-3-methylimidazolium chloride ［J］. Carbohydrate Polymers, 2007, 67（1）: 21-31.

[21] XIE H B, LI S H, ZHANG S B. Ionic liquids as novel solvents for the dissolution and blending of wool keratin fibers ［J］. Green Chem, 2005（7）: 606-608.

第六章　离子液体作为功能助剂用于蚕丝染色研究

第一节　离子液体概述

一、离子液体的制备

离子液体种类繁多，改变阳离子、阴离子的不同组合，可以设计合成出不同的离子液体。离子液体的合成大体上有两种基本方法：直接合成法和两步合成法。

1. 直接合成法

通过酸碱中和反应或季胺化反应等一步合成离子液体，操作经济简便，没有副产物，产品易纯化。Hlrao 等采用酸碱中和法合成出一系列不同阳离子的四氟硼酸盐离子液体。另外，通过季胺化反应也可以一步制备出多种离子液体，如卤化 1-烷基-3-甲基咪唑盐、卤化吡啶盐等。

2. 两步合成法

直接法难以得到目标离子液体时，必须使用两步合成法。两步法制备离子液体的应用很多。常用的四氟硼酸盐和六氟磷酸盐类离子液体的制备通常采用两步法。首先，通过季胺化反应制备出含目标阳离子的卤盐；然后用目标阴离子置换出卤素离子或加入 Lewis 酸来得到目标离子液体。在第二步反应中，使用金属盐 MY（常用的是 AgY）、HY 或 NH_4Y 时，产生 Ag 盐沉淀或胺盐，HX 气体容易被除去，加入强质子酸 HY，反应要求在低温搅拌条件下进行，然后多次水洗至中性，用有机溶剂提取离子液体，最后真空除去有机溶剂得到纯净的离子液体。特别注意的是，在用目标阴离子 Y 交换 X（卤素）阴离子的过程中，必须尽可能地使反应进行完全，确保没有 X. 阴离子留在目标离子液体中。因为离子液体的纯度对于其应用和物理化学特性的表征至关重要。高纯度二元离子液体的合成通常是在离子交换器中利用离子交换树脂通过阴离子交换来制备。另外，直接将 Lewis 酸（MY）与卤盐结合，可制备［阳离子］型离子液体，如氯铝酸盐离子液体的制备就是利用这个方法。如离子液体的性质中所述，离子液体的酸性可以根据需要进行调节。由于离子液体的可设计性，所以根据需要定向地设计功能化离子液体是我们实验研究的方向。

二、前景展望

迄今为止，室温离子液体的研究取得了惊人的进展。北大西洋公约组织于 2000 年召开了有关离子液体的专家会议；欧盟委员会有一个有关离子液体的 3 年计划；日本、韩国也有相关研究的相继报道。在我国，中国科学院兰州化学物理研究所西部生态绿色化学研究发展中心、北京大学绿色催化实验室、华东师范大学离子液体研究中心等机构也开展专门的研究。兰州化学物理研究所已在该领域取得重大突破，率先制备了多种咪唑类离子液体润滑剂。

世界领先的离子液体开发者——德国 Solvent Innovation 公司，正在开发一系列的离子液体，以取代对环境极有害的溶剂。其 Ecoeng 商标的无卤素离子液体出售量达 1t，该系列包括 1-烷基-3-甲基咪唑硫酸酯来取代卤化的溶剂。Ecoeng 系列将提供更为绿色的产品和工艺，今后几年内仅有 2 或 3 种离子液体达到吨级数量的工业生产，可以都不含卤族原子。最近在波士顿美国化学学会的离子液体开发组正讨论其商业计划。

离子液体的发明者梅斯等人最近发现，离子液体不仅是一种绿色溶剂，它还可用作新材料生产过程中的酶催化剂。威尔克斯最近发现，离子液体还可以用于处理废旧轮胎，回收其中的聚合物。科学家最近的研究成果还表明，用离子液体可有效地提取工业废气中的二氧化碳。

从理论上讲，离子液体可能有 1 万亿种，化学家和生产企业可以从中选择适合自己工作需要的离子液体。目前，对离子液体的合成与应用研究主要集中在如何提高离子液体的稳定性，降低离子液体的生产成本，解决离子液体中高沸点有机物的分离，以及开发既能用作催化反应溶剂，又能用作催化剂的离子液体新体系等领域。随着人们对离子液体认识的不断深入，相信离子液体绿色溶剂的大规模工业应用指日可待，并给人类带来一个面貌全新的绿色化学高科技产业。

第二节　离子液体在蚕丝染色中的染色方法及工艺

一、实验仪器、试剂

1. 实验仪器（表 6.1）

表 6.1　实验仪器

仪器名称	仪器型号	生产公司	产地	备注
振动染样机	XW-ZDR-25 * 12			
电热恒温鼓风干燥箱	DHG-9203A			
织物强力试验仪	HD026N 型	Macbise		
测色配色仪	X-rite Color-Eye 7000A			
刷洗牢度试验仪	YB571-Ⅱ型			
摩擦牢度试验仪				
电子天平	YP600 型	上海第二天平仪器厂	上海	精密度：0.0001g
紫外可见分光光度计	T6 新世纪	北京普析通用仪器有限责任公司	北京	
红外光谱仪				

2. 试剂（表 6.2）

表 6.2　实验药品试剂

药品或试剂	级别	生产厂家
氯代异丙烷		阿拉丁
溴代异丙烷		阿拉丁
氯代正丁烷		阿拉丁
溴代正丁烷		阿拉丁
溴代正辛烷		阿拉丁
N-甲基咪唑		阿拉丁
活性炭	AR	

续表

药品或试剂	级别	生产厂家
无水乙醇	工业用	丹东市化学试剂厂
直接桃红 12B	AR	丹东富达染料
氯化钠	AR	丹东富达染料
碳酸钠	工业用	丹东富达染料
净洗剂 BP	市售	丹东市化学试剂厂
肥皂	市售	丹东市化学试剂厂
已脱胶蚕丝		丹东恒星化工

二、实验部分

1. 离子液体的合成

（1）1-异丙基-3-甲基咪唑氯代盐的合成。N-甲基咪唑与氯代异丙烷物质的量的比为 1：1.1。

反应流程：

N-甲基咪唑（$M = 82.16$，$\rho = 1.036$）+氯代异丙烷（$M = 78.56$，$\rho = 0.868$）

$\xrightarrow[\text{加热}40℃，48h]{\text{搅拌}}$1-异丙基-3-甲基咪唑氯代盐

$\xrightarrow[\text{抽滤}]{\text{活性炭脱色}}$澄清溶液$\xrightarrow{\text{烘干}}$产物

注意问题：氯代异丙烷沸点较低，温度不可过高，过高会导致反应物很快挥发。

（2）1-异丙基-3-甲基咪唑溴代盐的合成。N-甲基咪唑与溴代异丙烷物质的量的比为 1：1.1。

反应流程：

N-甲基咪唑（$M = 82.16$，$\rho = 1.036$）+溴代异丙烷（$M = 122.99$，$\rho = 1.31$）

$\xrightarrow[\text{加热}80℃，48h]{\text{搅拌}}$1-异丙基-3-甲基咪唑溴代盐

$\xrightarrow[\text{抽滤}]{\text{活性炭脱色}}$澄清溶液$\xrightarrow{\text{烘干}}$产物

注意问题：生成物凝固点很低，需要持续加热搅拌，否则易发生凝固。

（3）1-正丁基-3-甲基咪唑氯代盐的合成。N-甲基咪唑与氯代正丁烷物质的量的比为1：1.1。

反应流程：

N-甲基咪唑（$M = 82.16$，$\rho = 1.036$）+氯代正丁烷（$M = 92.57$，$\rho = 0.8865$）

$\xrightarrow[\text{加热70℃，48h}]{\text{搅拌}}$1-正丁基-3-甲基咪唑氯代盐

$\xrightarrow[\text{抽滤}]{\text{活性炭脱色}}$澄清溶液$\xrightarrow{\text{烘干}}$产物

（4）1-正丁基-3-甲基咪唑溴代盐的合成。N-甲基咪唑与溴代正丁烷物质的量的比为1：1.1。

反应流程：

N-甲基咪唑（$M = 82.16$，$\rho = 1.036$）+溴代正丁烷（$M = 137.03$，$\rho = 1.276$）

$\xrightarrow[\text{加热70℃，48h}]{\text{搅拌}}$1-正丁基-3-甲基咪唑溴代盐

$\xrightarrow[\text{抽滤}]{\text{活性炭脱色}}$澄清溶液$\xrightarrow{\text{烘干}}$黄色产物

注意问题：生成物凝固点很低，需要持续加热搅拌，否则易发生凝固。

2. 桑蚕丝直接染料染色工艺

实验选择的是含有自由 Na^+ 的直接染料——直接桃红 12B（图 6.1）。

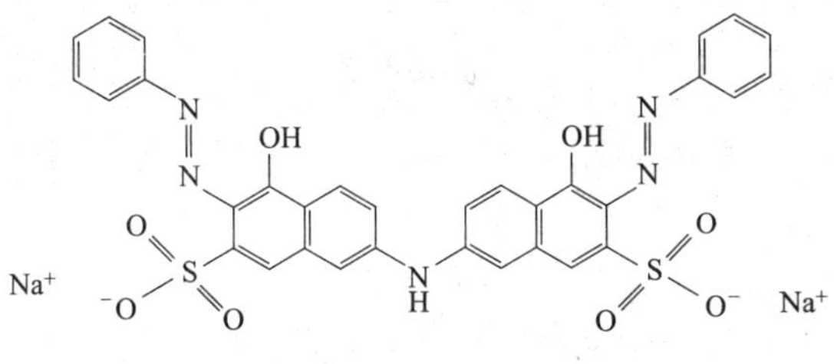

图 6.1　直接桃红 12B 的分子结构式

由于直接桃红 12B 为直接染料，所以染色的过程相对比较简单，可以比较容易实现单因素分析离子液体在染色过程中的影响程度。并且离子液体中必定有自由阴、阳离子。本实验需要研究的就是自由离子在染料上染过程中对染料中离子的影响，所以

染料中必然要存在自由离子。直接桃红 12B 中的 Na⁺ 正符合本次实验需要。

工艺流程：

桑蚕丝→染色（上染→固着）→水洗→烘干

工艺处方及条件：

直接桃红 12B   2%（owf）

食盐   10g/L

染色温度   90℃

染色时间   45min

浴比   1：50

工艺曲线如图 6.2 所示。

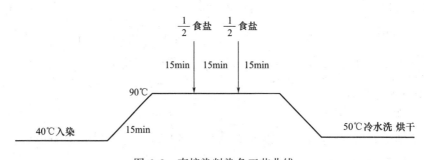

图 6.2 直接染料染色工艺曲线

蚕丝染色时，首先将已脱胶桑蚕丝织物剪成大约 5cm×25cm，此时蚕丝的质量在 0.60~0.80g，以便于后期测拉伸强力。然后用 500mL 容量瓶将 2g 染料溶解，每个锥形瓶按比例滴入 6~8mL，再加入蒸馏水配成 30~40mL 的溶液。然后分别在锥形瓶中加入食盐，加入离子液体，作对比试验。40℃入染，染色 1h，取出、水洗、皂洗、水洗、烘干。

注意事项：

（1）在实验过程中，需要取 0.1mL 的离子液体，而离子液体是黏稠液体，不容易吸取，需要取 1mL 离子液体加入 9mL 蒸馏水，再取 1mL，则为 0.1mL 的离子液体，反应溶液的体积为 30~50mL，这个离子液体的体积可以忽略不计。

（2）由于染前每个样品稀释倍数不能保证精确 30 倍，所以染前测吸光度是有必要的。

第三节　离子液体染色蚕丝性能分析

一、各种离子液体对蚕丝染色性能的影响

1. 1-正丁基-3-甲基咪唑溴代盐对直接染料染蚕丝的影响

（1）上染率的测定。染色前，取每瓶染液中染料各 1mL 稀释 30 倍后，分别测定每组染液的吸光度（最大吸收峰为 529nm）。染后吸光度测定仍需取每瓶剩余染液中染料各 1mL 稀释 30 倍，分别测定每组染液的吸光度（最大吸收峰为 529nm）。其结果见表 6.3，1-正丁基-3-甲基咪唑溴代盐影响上染率曲线如图 6.3 所示。

$$上染率 = \frac{染前吸光度 - 染后吸光度}{染前吸光度}$$

表6.3　1-正丁基-3-甲基咪唑溴代盐影响上染率的测定

染液样	加盐染液	无盐染样	离子液体				
			0.1mL	0.5mL	1.0mL	2.5mL	5.0mL
染前吸光度	0.386	0.372	0.349	0.369	0.349	0.387	0.368
染后吸光度	0.079	0.196	0.036	0.025	0.056	0.148	0.286
上染率	79.5%	47.3%	89.7%	93.2%	84.0%	61.7%	22.3%

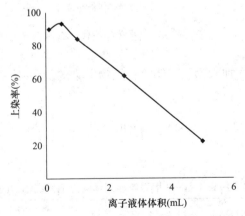

图 6.3　1-正丁基-3-甲基咪唑溴代盐影响上染率曲线

由表 6.3 和图 6.3 分析可知，不加入任何物质的染液上染率极低，当加入离子

液体和食盐时，上染率有明显提高；加入离子液体时比加入盐时上染率又高出很多，但是过量的离子液体却有负面的作用，是由于离子液体对染液有一定的萃取效果造成的。所以适量加入离子液体，在上染率方面对织物染色有促进作用。

（2）K/S 值的测定（表 6.4）。1-正丁基-3-甲基咪唑溴代盐影响 K/S 值曲线如图 6.4 所示。

表 6.4   1-正丁基-3-甲基咪唑溴代盐影响 K/S 的测定

染液样	加盐染液	无盐染样	离子液体				
			0.1mL	0.5mL	1.0mL	2.5mL	5.0mL
K/S 值	19.325	14.035	20.152	21.365	20.954	18.325	12.025

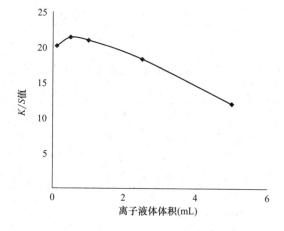

图 6.4   1-正丁基-3-甲基咪唑溴代盐影响 K/S 值曲线

由图 6.4 可知，在加入离子液体时，织物上染的颜色较深，同上染率一样，过量的离子液体同样会造成相反的效果。

（3）断裂强力的测定（表 6.5）。1-正丁基-3-甲基咪唑溴代盐影响断裂强力曲线如图 6.5 所示。

表 6.5   1-正丁基-3-甲基咪唑溴代盐影响断裂强力的测定

染液样	加盐染液	无盐染样	离子液体				
			0.1mL	0.5mL	1.0mL	2.5mL	5.0mL
断裂强力（N）	458.36	498.32	478.25	476.25	463.32	465.24	442.36

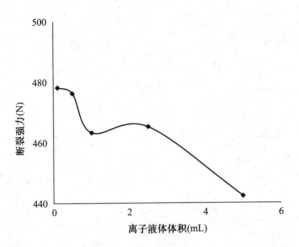

图 6.5　1-正丁基-3-甲基咪唑溴代盐影响断裂强力曲线

由表 6.5 和图 6.5 可知，不加任何物质的织物染色的断裂强力较大，说明无论加盐还是加入离子液体对织物进行促染，都会对织物造成一定的伤害，但是加入离子液体时所造成的伤害要比加食盐的小，所以综合考虑，离子液体比食盐效果好。从图可看出，加入离子液体量增多，织物的断裂强度降低。

（4）耐摩擦色牢度的测定（表 6.6）。1-正丁基-3-甲基咪唑溴代盐影响耐摩擦色牢度曲线如图 6.6 所示。

表 6.6　1-正丁基-3-甲基咪唑溴代盐影响耐摩擦色牢度的测定

染液样	加盐染液	无盐染样	离子液体				
			0.1mL	0.5mL	1.0mL	2.5mL	5.0mL
耐摩擦色牢度（级数）	4~5	4	4~5	4~5	5	4	4~5

从图 6.6 可以看出，在加入离子液体染色时，牢度有所提升，随着离子液体用量增加，染料牢度变化不明显。与加盐相比，牢度变化不明显；与无盐条件相比，牢度显著提高。

2. 1-异丙基-3-甲基咪唑溴代盐对直接染料染蚕丝的影响

（1）1-异丙基-3-甲基咪唑溴代盐的影响。染色前，取每瓶染液中染料各 1mL 稀释 30 倍后，分别测定每组染液的吸光度（最大吸收峰为 529nm）。染后吸光度测定仍需取每瓶剩余染液各 1mL 稀释 30 倍后，分别测定每组染液的吸光度（最大吸

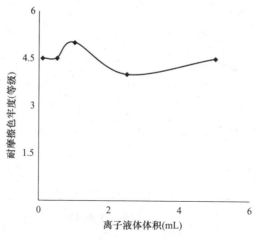

图 6.6　1-正丁基-3-甲基咪唑溴代盐影响耐摩擦色牢度曲线

收峰为 529nm）。见表 6.7。

表 6.7　1-异丙基-3-甲基咪唑溴代盐影响的测定

染液样	加盐染液	无盐染样	离子液体				
			0.1mL	0.5mL	1.0mL	2.5mL	5.0mL
染前吸光度	0.361	0.381	0.371	0.364	0.384	0.383	0.361
染后吸光度	0.067	0.165	0.036	0.035	0.046	0.092	0.153
上染率	81.4%	56.7%	90.3%	90.4%	88.0%	76.0%	57.6%
K/S 值	18.365	13.425	19.668	19.842	18.957	17.624	15.655
断裂强力（N）	436.84	495.63	484.25	476.36	468.85	464.33	446.55
耐摩擦色牢度	4~5	4	4	4~5	4~5	4	4~5

（2）1-异丙基-3-甲基咪唑溴代盐影响曲线。如图 6.7~图 6.10 所示。

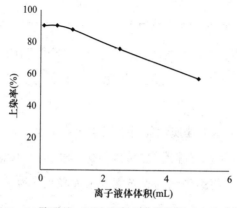

图 6.7　1-异丙基-3-甲基咪唑溴代盐影响上染率曲线

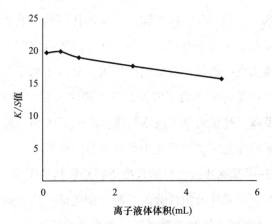

图 6.8　1-异丙基-3-甲基咪唑溴代盐影响 K/S 值曲线

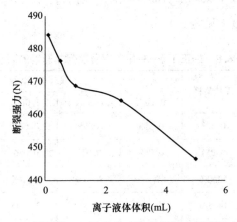

图 6.9　1-异丙基-3-甲基咪唑溴代盐影响断裂强力曲线

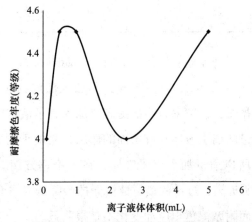

图 6.10　1-异丙基-3-甲基咪唑溴代盐影响耐摩擦色牢度曲线

由表6.7和图6.7~图6.10分析可知，不加入任何物质的染液上染率极低，当加入离子液体和食盐时，上染率有明显提高，加入离子液体时比加入盐时上染率又高出很多，但是过量的离子液体却有负面的作用，是由于离子液体对染液有一定的萃取效果造成的。所以适量加入离子液体，在上染率方面对织物染色有促进作用；K/S值也同样有所提高，过量的离子液体同样会降低K/S值；断裂强力也比加入食盐时要好很多，而耐摩擦色牢度却变化不是很明显。

3. 1-正丁基-3-甲基咪唑氯代盐对直接染料染蚕丝的影响

（1）1-正丁基-3-甲基咪唑氯代盐的影响。染色前，取每瓶染液中染料各1mL稀释30倍后，分别测定每组染液的吸光度（最大吸收峰为529nm）。染后吸光度测定仍需取每瓶剩余染液中染料各1mL稀释30倍后，分别测定每组染液的吸光度（最大吸收峰为529nm），见表6.8。

表6.8　1-正丁基-3-甲基咪唑氯代盐影响的测定

染液样	加盐染液	无盐染样	离子液体				
			0.1mL	0.5mL	1.0mL	2.5mL	5.0mL
染前吸光度	0.43	0.523	0.555	0.55	0.507	0.48	0.478
染后吸光度	0.08	0.251	0.069	0.052	0.056	0.18	0.302
上染率	81.4%	52.0%	87.6%	90.5%	89.0%	62.5%	36.8%
K/S值	20.327	14.531	20.617	20.617	21.335	18.266	9.978
断裂强力（N）	443.79	492.57	484.99	486.14	483.75	477.05	485.41
耐摩擦色牢度	4	3	4	4	4~5	4	4~5

（2）1-正丁基-3-甲基咪唑氯代盐影响曲线。如图6.11~图6.14所示。

由表6.8和图6.11~图6.12分析可知，不加入任何物质的染液上染率极低，当加入离子液体和食盐时，上染率有明显提高，加入离子液体时比加入盐时上染率又高出很多，但是过量的离子液体却有负面的作用，是由于离子液体对染液有一定的萃取效果造成的，所以适量加入离子液体，在上染率方面对织物染色有促进作用；K/S值也同样有所提高，过量的离子液体同样会降低K/S值；断裂强力也比加入食盐时要好很多，而耐摩擦色牢度却变化不是很明显。

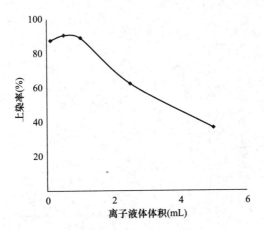

图 6.11　1-正丁基-3-甲基咪唑氯代盐影响上染率曲线

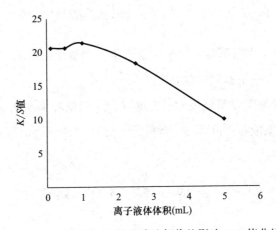

图 6.12　1-正丁基-3-甲基咪唑氯代盐影响 K/S 值曲线

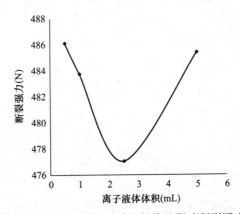

图 6.13　1-正丁基-3-甲基咪唑氯代盐影响断裂强力曲线

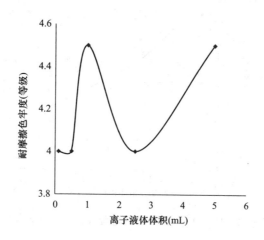

图6.14 1-正丁基-3-甲基咪唑氯代盐影响耐摩擦色牢度曲线

4. 1-异丙基-3-甲基咪唑氯代盐对直接染料染蚕丝的影响

（1）1-异丙基-3-甲基咪唑氯代盐的影响。染色前，取每瓶染液中染料各1mL稀释30倍后，分别测定每组染液的吸光度（最大吸收峰为529nm）。染后吸光度测定仍需取每瓶剩余染液各1mL稀释30倍后，分别测定每组染液的吸光度（最大吸收峰为529nm）。见表6.9。

表6.9 1-异丙基-3-甲基咪唑氯代盐影响的测定

染液样	加盐染液	无盐染样	离子液体				
			0.1mL	0.5mL	1.0mL	2.5mL	5.0mL
染前吸光度	0.365	0.352	0.372	0.377	0.384	0.373	0.316
染后吸光度	0.080	0.210	0.053	0.048	0.089	0.160	0.263
上染率	78.0%	40.3%	85.7%	87.2%	76.8%	57.1%	16.7%
K/S值	17.631	15.027	18.627	19.237	20.935	17.569	8.459
断裂强力（N）	459.48	502.36	476.26	485.36	479.13	469.94	489.62
耐摩擦色牢度	4	3	4	4	4~5	4	4

（2）1-异丙基-3-甲基咪唑氯代盐影响曲线。如图6.15~图6.18所示。

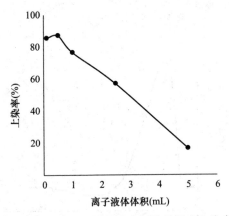

图 6.15　1-异丙基-3-甲基咪唑氯代盐影响上染率曲线

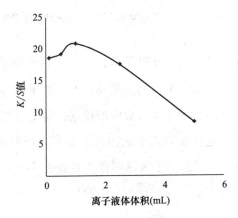

图 6.16　1-异丙基-3-甲基咪唑氯代盐影响 K/S 值曲线

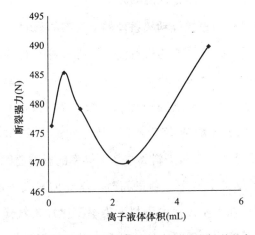

图 6.17　1-异丙基-3-甲基咪唑氯代盐影响断裂强力曲线

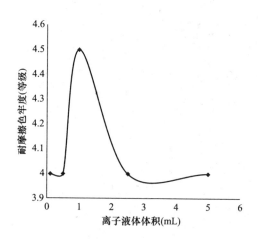

图 6.18　1-异丙基-3-甲基咪唑氯代盐影响耐摩擦色牢度曲线

由表 6.9 和图 6.15~图 6.18 分析可知，不加入任何物质的染液上染率极低，当加入离子液体和食盐时，上染率有明显提高，加入离子液体时比加入盐时上染率又高出很多，但是过量的离子液体却有负面的作用，是由于离子液体对染液有一定的萃取效果造成的。所以适量加入离子液体在上染率方面对织物染色有促进作用；K/S 值也同样有所提高，过量的离子液体同样会降低 K/S 值；断裂强力也比加入食盐时要好很多，而耐摩擦色牢度却变化不是很明显。

二、对比每种离子液体对蚕丝染色性能的分析

1. 对比各种离子液体对直接染料染蚕丝的上染率的影响

在染色过程中，上染到纤维上的染料量与最初染浴中染料总量之比，常以百分数表示。染色结束时的上染率称为竭染率。染色前，取每瓶染液中染料各 1mL 稀释 30 倍后，分别测定每组染液的吸光度（最大吸收峰为 529nm）。染后吸光度测定仍需取每瓶剩余染液各 1mL 稀释 30 倍后，分别测定每组染液的吸光度（最大吸收峰为 529nm）。各种离子液体对直接染料染蚕丝上染率的影响曲线如图 6.19 所示。

由图 6.19 分析可知，上染率达到最高时，需要加入离子液体在 0.1~1.0mL。在同样的反应条件下，加入溴代盐的染料上染率要比加入氯代盐染料的上染率高，并且，加入直链的离子液体效果要比加入带有支链的离子液体好很多。此时，任何

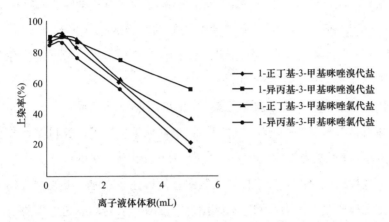

图 6.19　各种离子液体对直接染料染蚕丝上染率的影响曲线

一种离子液体都要比加入食盐的效果好。1-正丁基-3-甲基咪唑溴代盐则是其中最好的一种离子液体。所以，加入离子液体来提高织物的上染率方法可行，从而达到无盐染色。

2. 对比各种离子液体对直接染料染蚕丝的 K/S 值的影响

K/S 值是一种描述布样上染颜色深浅的表达方式，一般情况下，上染率越高的布样，K/S 值同样也比较高。布样的颜色越深表明 K/S 值越大；反之，则 K/S 值越小。在测定布样的 K/S 值时，需要测定布样的四个不同位置的 K/S 值，然后取其平均值为该布样的 K/S 值。各种离子液体对直接染料染蚕丝 K/S 值的影响曲线如图 6.20 所示。

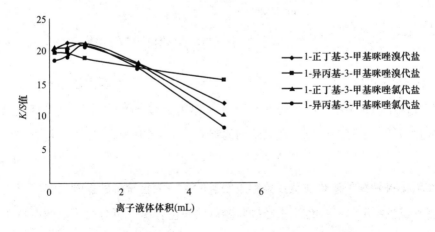

图 6.20　各种离子液体对直接染料染蚕丝 K/S 值的影响曲线

由图 6.20 分析可知，加入 1-正丁基-3-甲基咪唑溴代盐时，布样的 K/S 值很高。但是，加入 1-正丁基-3-甲基咪唑氯代盐的布样的 K/S 值却高于加入 1-异丙基-3-甲基咪唑溴代盐的布样。这说明，在影响 K/S 值方面，分子的构象的影响力要比分子中的卤素离子类型影响力大。

3. 对比各种离子液体对直接染料染蚕丝的断裂强力的影响

断裂强力是材料试验机在拉伸过程中，仪器如果配置了计算机（高端仪器均可连接计算机），计算机会以曲线的方式自始至终记录每一次的试样力值、伸长、时间的变化全过程，记录的曲线为拉伸曲线图。值得注意的是，断裂强力需要在测耐摩擦色牢度之前测定。因为在测定耐摩擦色牢度时，会对织物进行摩擦，使织物的整体强力下降。各种离子液体对直接染料染蚕丝断裂强力的影响曲线如图 6.21 所示。

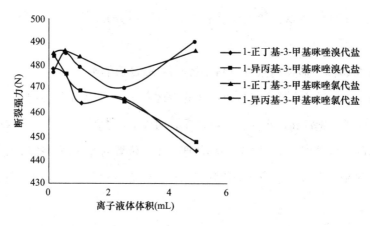

图 6.21　各种离子液体对直接染料染蚕丝断裂强力的影响曲线

由图 6.21 可以看出，加入氯代盐的布样强力要比加入溴代盐的强力要好。并且，在氯代盐的含量增加时织物的断裂强力是随之递增的，而溴代盐的含量增加时织物的强力却在下降。因此，在以织物的强力为重要指标时，需要选用氯代盐来代替食盐。

4. 对比各种离子液体对直接染料染蚕丝的耐摩擦色牢度的影响

耐摩擦色牢度是指染色织物经过摩擦后的掉色程度，可分为干态耐摩擦色牢度和湿态耐摩擦色牢度。耐摩擦色牢度以白布沾色程度作为评价原则，共分 5 级

（1~5），数值越大，表示耐摩擦色牢度越好。耐摩擦色牢度差的织物使用寿命短。这里主要测定的是干态耐摩擦色牢度。各种离子液体对直接染料染蚕丝耐摩擦色牢度的影响曲线如图 6.22 所示。

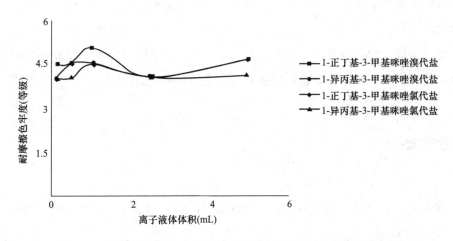

图 6.22　各种离子液体对直接染料染蚕丝耐摩擦色牢度的影响曲线

由图 6.22 可以看出，加入 1-正丁基-3-甲基咪唑溴代盐的布样耐摩擦色牢度比较高，要比其他三种都要高。加入 1-异丙基-3-甲基咪唑溴代盐的布样和加入 1-正丁基-3-甲基咪唑氯代盐的布样耐摩擦色牢度差不多，但是不如加入 1-正丁基-3-甲基咪唑溴代盐的布样。加入 1-异丙基-3-甲基咪唑氯代盐的布样耐摩擦色牢度是最低的。所以，在以耐摩擦色牢度为重点的生产中，不应该加入 1-异丙基-3-甲基咪唑氯代盐。

小结

（1）在上染率、K/S 值、耐摩擦色牢度方面，加入溴代盐要比加入氯代盐好得多。并且，直链的离子液体要比带有支链的离子液体效果要好。离子液体加入的量在 0.1~1.0mL 效果最好，任何一种离子液体都要比加入食盐的效果好。因此，通过加入离子液体来提高织物的上染率方法可行。但是，加入 1-异丙基-3-甲基咪唑氯代盐的布样比较特殊，加入的量如果在 1.0~2.5mL，K/S 值会比加入其他离子液体都要高。

（2）在断裂强力方面，加入氯代盐的布样强力要比加入溴代盐的强力要好。并且，在氯代盐的含量增加时织物的断裂强力是随之递增的，而溴代盐的含量增加时织物的强力却在下降。因此，在以织物的强力为重要指标时，需要选用氯代盐来代替食盐。

综合考虑，如果生产中，以上染率、K/S 值、耐摩擦色牢度为重要指标时，需要加入溴代盐离子液体。而以断裂强力为重要指标时，需要加入氯代盐离子液体。

参考文献

[1] 黄晓玲，白金泉，陈秋月. 离子液体的设计合成 [J]. 化工新型材料，2005，33（1）：33-42.

[2] ROY M. BROUGHTON. Investigation of organic liquids for fiber extrusion [J]. National Textile Center Annual Report，2006（9）：1-8.

[3] PHILIPS D M，DRUMMY L F，CONRADY D G，et al. Dissolution and regeneration of bombyx mori silk fibroin using ionic liquids [J]. J. Am. Chem. Soc.，2004，126（44）：14350-14351.

[4] 黄一波. 咪唑类离子液体的合成与表征 [J]. 天津化工，2007，21（6）：28-29.

[5] DAVID G. STEVENSON，ATANU BISWAS，JANE J L，et al. Changes in structure and properties of starch of four botanical sources dispersed in the ionic liquid，1-butyl-3-methylimidazolium chloride [J]. Carbohydrate Polymers，2007，67（1）：21-31.

[6] PIERRE B A，NICHOLAS P，et al. Highly conductive ambient temperature molten salts [J]. Inorg. Chem.，1996，35：1168-1178.

[7] 卢泽湘，袁霞，吴剑，等. 咪唑类离子液体的合成和光谱表征 [J]. 化学世界，2005，46（3）：148-150.

[8] 李汝雄，王建基. 离子液体的合成与应用 [J]，化学试剂，2001，23（4）：

211-215.

［9］刘海燕，浅析印染废水的处理方法［J］，中国外资，2009（6）：218.

［10］印染废水的来源及治理［J］.纺织服装周刊，2009（41）：53.

［11］刘海燕，丁伟，曲广淼，等.微波辐射下卤化1，3-二烷基咪唑离子液体的合成［J］.化学试剂，2008，30（2）：92-94.

［12］王均凤，张锁江，陈慧萍，等.离子液体的性质及其在催化反应中的应用［J］.过程工程学报，2003，3（2）：177-185.

［13］SEDDON K R.Ionic liquids-fact and fiction［J］.Chemistry Today，2006，24（2）：16-23.

［14］郭明，虞哲良，李铭慧，等.咪唑类离子液体对微晶纤维素溶解性能的初步研究［J］.生物质化学工程，2006，40（6）：9-12.

［15］XIE H B，LI S H，ZHANG S B.Ionic liquids as novel solvents for the dissolution and blending of wool keratin fibers［J］.Green Chemistry.，2005（7）：606-608.

［16］任强，武进，张军，等.1-烯丙基-3-甲基咪唑室温离子液体的合成及其对纤维溶解性能的初步研究［J］.高分子学报，2003（3）：448-451.

［17］李婷，武晓伟，施亦东，等.纳米二氧化钛的分散及其在织物整理工艺的研究［J］.印染助剂，2007，24（7）：34-37.

［18］DAVID G.STEVENSON，ATANU BISWAS，JANE J L，et al.Changes in structure and properties of starch of four botanical sources dispersed in the ionic liquid，1-butyl-3-methylimidazolium chloride［J］.Carbohydrate Polymers，2007，67（1）：21-31.

［19］李汝雄，王建基.绿色溶剂离子液体的制备与应用［J］.化工进展，2002，21（1）：43-48.

［20］ATANU BISWAS，SHOGREN R L，STEVENSON D C，et al.Ionic liquids as solvents for biopolymers：Acylation of starchandzein protein［J］.Carbohydrate Polymers，2006（66）：546-550.

第七章 天然阳离子染料黄连素染色柞蚕丝性能研究

第一节 概述

一、天然染料

天然染料主要分为动物染料、植物染料、矿物染料。植物染料有 1000～5000 种，从化学构造来看，大部分植物染料都是复杂的酚化合物。矿物染料以土黄色矿物 Khaki 为代表，其水溶性铁盐用氢氧化钠处理固着于纤维上，但色泽具有局限性。动物染料常见有贝壳虫系的虫漆和胭脂红，但其数量较少，所以天然染料染色主要以植物染料为主。早在几千年前纺织品染色就已用植物色素，至今少数民族地区的蜡染、轧染也应用天然的植物色素，一些植物的根、叶、树干或果实中可以提取植物染料。据统计，有 1000～5000 种植物可提取色素，如桑、茶、菖草、红花、石榴、紫草、苏木、靛蓝、冬青、杨梅、柿子、黄栀子等。天然染料按应用特点可以分为以下几类。

（1）天然色素对水有相当高的溶解度，能被纤维吸附，通常无需媒介，如黄檗。

（2）天然色素对水有相当高的溶解度，能被纤维吸附，但为了提高坚牢度，要进行媒染，如栌、苏枋。

（3）天然色素对水的溶解度小，有螯合物配位位置，与先媒染而在纤维上吸附的金属离子形成配位键而固着，如紫草、茜素。

（4）天然色素几乎不溶于水，能被纤维吸附，因其配糖体溶于水，使用后媒法固着，如栀子、青茅草、柏梅、槐。

（5）在染色过程中植物性染料中的天然色素才在纤维上形成水不溶性的染料，如贝紫、靛蓝。

（6）在纤维上的吸附固着利用了对酸或碱的溶解度的不同，如郁金、红花。

二、蚕丝纤维天然染料染色

在全球性绿色革命浪潮下，天然染料将在高档真丝制品、保健内衣、家纺产品和装饰用品等方面有很好的前景，所以国内外许多机构都在天然染料的开发和应用方面进行了探究。提取来自动物和植物的天然染料的研究、染色添加剂及天然染料在合成纤维上的应用取得了进展。天然植物染料在纺织品和非纺织品领域的应用，首要是源自于环保和绿色方面的考虑，天然染料有无毒、无害、无污染等优点，天然植物染料色谱齐全，但颜色不够鲜艳明亮，不少品种的水洗和日晒牢度不够满意，其浓度与色相也不稳定。较满意的织物染料有姜黄、栀子黄、红花素、茜素、靛蓝、栀子蓝、叶绿素、辣椒红和苏木黑等。美国有学者利用植物为原料的染料（茜草、黄连素、红花）对棉、蚕丝等的染色性能进行了探究。首先，在金属盐溶液（明矾铵、山茶灰、硫酸铁）中浸渍试样织物，进行前媒染，然后将媒染织物分别放入植物原料的萃取液中染色，测定色相、耐皂洗色牢度、耐日晒色牢度、上染百分率。结果表明，郁金和黄连无论用何种金属盐，上染率都非常低，耐日晒色牢度仅为1级。本实验就是结合此出发点研究天然染料黄连素上染柞蚕丝，探讨提高黄连素上染柞蚕丝的耐水洗、耐摩擦等色牢度的实验配方以及最佳工艺。

黄连素是一种中草药，主要活性成分为小柴碱，具有降低血糖、泻火清热、解毒、燥湿、广谱抗菌等功效，属于生物碱类天然色素，因此，黄连素也是一种天然阳离子染料。黄连素是天然染料中不可多得的阳离子型染料，蛋白质纤维用其染色，具有较好的染色效果，并在达到一定的浓度范围时，具有一定的荧光效应。柞蚕丝绸利用黄连素进行染色，不但确保了柞蚕丝绸纯天然的品质，而且使织物具备保健功效，穿着更加安全舒适，提高了产品附加值。因此，黄连素染色柞蚕丝绸产品深受人们喜爱，市场前景可观，符合环保的时代理念，可以更好地服务于人类的生活需要。

天然染料由于合成染料的迅速发展而受冷遇，长期以来蚕丝织物染色主要应用酸性染料、中性染料、活性染料，采用合成染料上染，工艺简单、色牢度好、色泽鲜艳、价格低廉、色谱齐全，所以合成染料在丝绸染色中已得到广泛的应用。但是人们发现，酸性染料染色牢度差，特别是湿处理牢度差；中性染料比酸性染料牢度好，但色谱中鲜艳的颜色较少；活性染料是唯一以共价键与蚕丝纤维结合的染料，染色牢度好，颜色鲜艳，但当色光不符时难以剥色纠正，染色重现性差，改色困难；而且合成纤维和合成染料有引起人患皮肤病的可能。天然染料和天然纤维有无毒、无害、无污染等优点，真丝绸用天然染料染色色彩自然、优雅，兼有自然的香味，为合成染料所不能企及，染色织物手感丰满厚实，用茜草、黄连素、郁金等染色的真丝绸，具有防虫、杀菌作用，既有利于保存，又为对某些合成染料有过敏反应的消费者带来了福音，因有这些特点而附加价值提高，在国际上掀起了回归自然的浪潮。

第二节　天然染料黄连素染色柞蚕丝工艺

一、实验仪器及试剂

1. 实验试剂

脱胶的柞蚕丝，醋酸，醋酸钠（分析纯），匀染剂 1227（分析纯），漂白粉（次氯酸钙），黄连素（盐酸小檗碱 100g）。

2. 实验仪器

恒温水浴锅，BS11OS 型电子天平，电脑测色配色仪，722 型分光光度计，耐洗色牢度仪，耐摩擦色牢度仪。常规易耗品包括：烧杯（250mL）、量筒（50mL、250mL）、移液管（10mL）、温度计（100℃）、容量瓶（500mL）、洗耳球、玻璃棒、锥形瓶（250mL）、角匙、pH 试纸（0.5~4.5）。

二、黄连素染色工艺

1. 黄连素染色操作过程

（1）将实验所用柞蚕丝用温蒸馏水浸湿。

（2）按实验处方用移液管移取醋酸钠、醋酸、匀染剂 1227、盐酸、漂白粉、染料配成染浴。

（3）将已经用蒸馏水浸湿的柞蚕丝绸挤干后分别投入染浴。在 85℃ 条件下上染 40min，上染期间不断翻动。

（4）然后以 1℃/min 升温至 95℃，处理保温 30min，然后以 1~2℃/min 速度逐渐降温至 50℃，取出实验样，充分水洗、皂洗、室温晾干，完成染色，如图 7.1 所示。

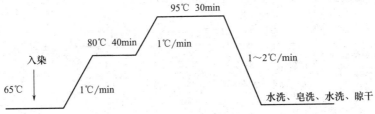

图 7.1　柞蚕丝染色工艺曲线图

2. 黄连素染液工艺处方（表7.1）

表 7.1　染色工艺处方

试验编号	阳离子染料黄连素（%）（owf）	漂白粉（g）	盐酸（mL）	匀染剂1227（%）（owf）	pH	醋酸钠（%）（owf）	浴比	保温时间（min）
1	2.0	0.016	0.8	0.5	2.5~4.0	1		
2	2.0	0.047	0.8	0.5	2.5~4.0	1	50:1	70
3	2.0	0	0	0.5	2.5~4.0	1		

注　柞蚕丝布重：2g。

3. 染料用量对上染百分率的影响（表7.2）

表 7.2　不同染料用量的染色处方

试验编号	阳离子染料黄连素（%）（owf）	漂白粉（g）	盐酸（mL）	匀染剂1227（%）（owf）	pH	醋酸钠（%）（owf）	浴比	保温时间（min）
1	0.1	0.02	0.2	0.5	2.5~4.0	1		
2	0.3	0.02	0.2	0.5	2.5~4.0	1		
3	0.5	0.02	0.2	0.5	2.5~4.0	1		
4	1.0	0.02	0.2	0.5	2.5~4.0	1		
5	2.0	0.02	0.2	0.5	2.5~4.0	1		
6	3.0	0.02	0.2	0.5	2.5~4.0	1	50:1	70
7	4.0	0.02	0.2	0.5	2.5~4.0	1		
8	5.0	0.02	0.2	0.5	2.5~4.0	1		
9	6.0	0.02	0.2	0.5	2.5~4.0	1		
10	7.0	0.02	0.2	0.5	2.5~4.0	1		

4. 漂白粉用量对上百分率的影响（表7.3）

表7.3　不同漂白粉用量的试验处方

试验编号	阳离子染料黄连素（%）（owf）	漂白粉（g）	盐酸（mL）	匀染剂1227（%）（owf）	pH	醋酸钠（%）（owf）	浴比	保温时间（min）
1	0.5	0.003	0.2	0.5	2.5~4.0	1		
2	0.5	0.006	0.2	0.5	2.5~4.0	1		
3	0.5	0.009	0.2	0.5	2.5~4.0	1		
4	0.5	0.012	0.2	0.5	2.5~4.0	1		
5	0.5	0.015	0.2	0.5	2.5~4.0	1	50:1	70
6	0.5	0.018	0.2	0.5	2.5~4.0	1		
7	0.5	0.020	0.2	0.5	2.5~4.0	1		
8	0.5	0.023	0.2	0.5	2.5~4.0	1		
9	0.5	0.026	0.2	0.5	2.5~4.0	1		
10	0.5	0.030	0.2	0.5	2.5~4.0	1		

5. 盐酸用量对上百分率的影响（表7.4）

表7.4　不同盐酸用量的试验处方

试验编号	阳离子染料黄连素（%）（owf）	漂白粉（g）	盐酸（mL）	匀染剂1227（%）（owf）	pH	醋酸钠（%）（owf）	浴比	保温时间（min）
1	0.5	0.018	0.1	0.5	2.5~4.0	1		
2	0.5	0.018	0.2	0.5	2.5~4.0	1		
3	0.5	0.018	0.3	0.5	2.5~4.0	1	50:1	70
4	0.5	0.018	0.4	0.5	2.5~4.0	1		
5	0.5	0.018	0.5	0.5	2.5~4.0	1		

三、染色性能测试

1. 耐洗色牢度测定

（1）试样准备过程。

①取 40mm×100mm 同试样的柞蚕丝纤维一块作为第一张贴衬织物。

②再取与第一块织物相对应的 40mm×100mm 的棉纤维作为第二张贴衬织物。

③然后取 40mm×100mm 柞蚕丝试样一块，夹于两块 40mm×100mm 的单纤维贴衬织物之间，并沿四边缝合，形成一个组合试验。

（2）组合试样重量。

组合试验 1：1.27g；组合试验 2：1.29g；组合试验 3：1.30g。

（3）实验工艺。

实验温度：40℃（±2℃）；实验时间：30min；皂液组成：标准皂片 5g/L（如需要，可用合成洗涤剂 4g/L 和无水碳酸钠 1g/L 代替皂片 5g/L）；浴比：50∶1。

（4）实验步骤。称重预先准备的组合试样，放入洗涤容器内，将皂液预热到规定温度，注意应将皂片搅拌使其充分溶解，按浴比 50∶1，注入洗涤容器中，在规定温度下处理 30min。

取出组合试样，用冷水清洗两次，再用流动冷水冲洗 10min，挤去水分，悬挂在不超过 60℃的环境中晾干。

用灰色样卡评定试样的原样变（褪）色和贴衬织物的沾色情况。

2. 耐摩擦色牢度测定

（1）试样准备。取两组大小为 50mm×200mm 的试样，每一组为两块试样。第一组其长度方向平行于经纱，用于径向的湿摩擦和干摩擦测试；第二组其长度方向平行于纬纱，用于纬向的湿摩擦和干摩擦测试。

（2）实验步骤。试样通过夹紧装置固定在耐摩擦色牢度试验仪的底板上，仪器的动程方向与试样的长度方向一致。

试验仪的摩擦头上用干摩擦布包裹固定，使摩擦头运行方向与摩擦布的径向一致。

打开实验仪器开关，在 10s 内摩擦 10 次（往复动程为 100mm，垂直压力为 9N），取下干摩擦布。

将另一块干摩擦布，放入冷水浸湿后，使其在试验仪的压液装置上压，控制织物含水量处于 95%~105%。

重复上述耐干摩擦色牢度测试操作。摩擦结束后，在室温下晾干。

用评定沾色用灰色样卡分别评定上述干、湿摩擦布的沾色牢度。

3. 表面色深值测定

测色仪和测色配色仪主要用于测量颜色。此类设备用于反射光谱、色差、色深值、白度、牢度等测量。

实验步骤如下。

（1）打开计算机侧色配色仪，分别用标准黑和白板校正机器，选择需要的功能菜单。

（2）取皂洗原样、褪色样、沾色样各一块，将其重叠数层（根据纤维织物的薄厚而增加层数，反射值不再改变时为宜），以一定的张力夹紧于样品测量孔上。

（3）对原样、褪色样、沾色样的正面进行多次测量，采取多点测量取平均值。

（4）确定后屏幕显示测量的结果，根据要求记录，并打印需要的测量数据。

4. 染料吸收波长的测定

将染色原液用蒸馏水稀释到 0.04g/L，选择可见光范围 380~780nm。722 型分光光度计在可见光范围内，采用试探法在不同波长下测染料的吸光度。整理并输出数据，数据采用降序排列，在最大吸光度下找出染料的最大吸收波长。

5. 染料上染百分率的测定

（1）按实验处方将染料分别配制并加入助剂，分成两个染浴，放置在同一恒温水浴锅中。

（2）其中一个染浴中加被染柞蚕丝纤维（染色残液），另一个染浴中不加被上染的柞蚕丝纤维（标准染液）。

（3）然后两个染浴按染色工艺曲线升温或保温，直到染色完毕。

（4）将染色残液用蒸馏水稀释至 500mL，吸取 20mL 加入 100mL 容量瓶中，用蒸馏水稀释至 100mL，形成待测染色残液。

（5）将经历染色过程的标准染液也稀释至 500mL，吸取 5mL 放入 100mL 容量瓶中，用蒸馏水稀释至 100mL，形成待测染色标准液。

（6）用 722 型分光光度计在 λ_{max} 处测定染色残液的吸光度 B，在 λ_{max} 处测定标准染液的吸光度 A，然后按下面公式计算染料的上染百分率（%）。

$$上染率 = 100\% - X$$

$$X = [B/(A \times n)] \times 100\%$$

式中：X——染色残液中染料质量分数，%；

　　　A——标准染液的吸光度；

　　　B——染色残液的吸光度；

　　　n——标准染液和染色残液的测试浓度的倍数。

第三节　黄连素染色柞蚕丝织物性能分析

一、不同染料浓度染色性能分析

染料用量对上染百分率的影响如图 7.2 所示。

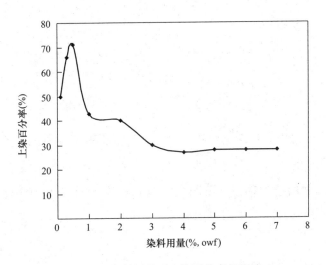

图 7.2　染料用量对上染百分率的影响

由图 7.2 可看出，随着染料用量的增大，染料的上染百分率先增大，后逐渐降低，最后基本保持不变。当染料用量小于 0.5%（owf）时，随着染料用量的增大，上染百分率增大，这主要是由于染料用量较少时，柞蚕丝纤维能够提供足够的染座，因此，上染率较高。当染料用量大于 0.5%（owf）时，染料上染百分率逐渐降低，直至基本不变，这主要是因为当蚕丝表面的染座达到饱和时，随着染料用量的增大，上染到蚕丝的染料也达到饱和，因此，上染百分率降低，同时，柞蚕丝纤维结构较为紧密，染料分子扩散进入纤维内部较慢。综合考虑，黄连素染色柞蚕丝染料用量选用 0.5%（owf）。

二、不同漂白粉用量染色性能分析

漂白粉用量对上染百分率的影响如图 7.3 所示。

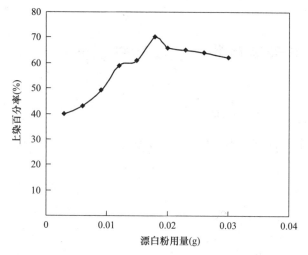

图 7.3　漂白粉用量对上染百分率的影响

　　由图 7.3 可以看出，加入漂白粉，对染料的上染百分率有明显影响。随着漂白粉用量的增大，染料上染百分率增大，当漂白粉用量大于 0.018g 时，上染百分率为 70%；再增加漂白粉的用量，染料的上染百分率不再增大，且有小幅降低。因此，黄连素染色柞蚕丝时，漂白粉用量为 0.018g。

三、不同盐酸用量染色性能分析

　　盐酸用量对上染百分率的影响如图 7.4 所示。

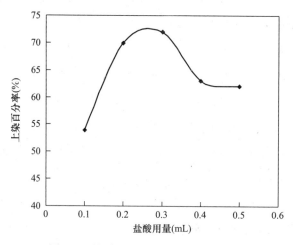

图 7.4　盐酸用量对上染百分率的影响

由图 7.4 可以看出盐酸用量对染料上染百分率有较大的影响，随着盐酸用量的增大，染料上染百分率先增大后降低。当盐酸用量为 0.3mL 时，染料上染百分率为 71%，达到最大。因此，最佳的盐酸用量为 0.3mL。

四、耐洗色牢度分析

耐洗色牢度测试数据见表 7.5。

表 7.5　耐洗色牢度测试数据

测试结果 试样名称	原样变色（级）	蚕丝沾色（级）	棉沾色（级）
1	2	4	4~5
2	2	4	4~5
3	1	2	4~5

由表 7.5 可以清晰看出，3 号组工艺流程中不加漂白粉和盐酸，原样变色明显比 1 和 2 号组工艺流程中加入漂白粉和盐酸的严重，1 和 2 号组的蚕丝沾色可以达到 4 级的效果，色牢度明显优于 3 号，棉沾色 3 个组合均达到 4~5 级。由此得出，在天然阳离子染料黄连素上染柞蚕丝的工艺流程中加入漂白粉和盐酸可以起到提高染料色牢度的作用。

五、耐摩擦色牢度分析

耐摩擦色牢度测定数据见表 7.6。

表 7.6　耐摩擦色牢度测定数据

测试结果 试样名称	原样变色 （干摩擦，级）	原样变色 （湿摩擦，级）	摩擦用布沾色 （干摩擦，级）	摩擦用布沾色 （湿摩擦，级）
1	3~4	4~5	4~5	3~4
2	3~4	4~5	4~5	3~4
3	2	2~3	2~3	2

由表 7.6 可以清晰看出，阳离子染料黄连素上染柞蚕丝绸的耐摩擦色牢度跟实验工艺流程中是否加入漂白粉和盐酸有着较大的关联。加入漂白粉和盐酸的 1 组和

2组试样的原样变色干、湿摩擦色牢度和摩擦用布沾色干、湿摩擦色牢度均优于3号组试样。由此分析得出，黄连素上染柞蚕丝绸的工艺流程中加入漂白粉和盐酸可以明显提高染料在织物表面的耐摩擦色牢度。

六、色深值结果分析

色深值结果及比较如图7.5~图7.8所示。

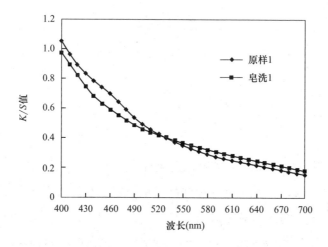

图7.5　1号色布色深值测试

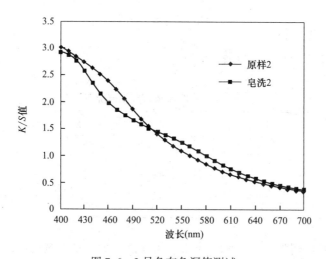

图7.6　2号色布色深值测试

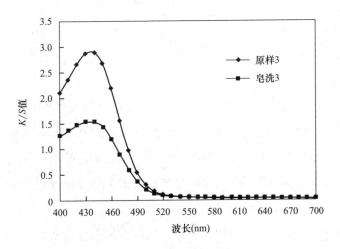

图 7.7　3 号色布色深值测试

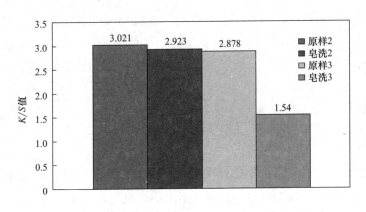

图 7.8　色深值比较

由图 7.5～图 7.8 可以清晰看出，黄连素上染工艺中加入漂白粉和盐酸的 1 和 2 号组试样的 K/S 值皂洗前后并未有较大的变化，然而在黄连素上染工艺中未加入漂白粉和盐酸的 3 号组柞蚕丝皂洗前后 K/S 变化明显，即 K/S 值明显降低。综上分析，在实验工艺中加入漂白粉和盐酸对柞蚕丝的耐洗色牢度有较大的影响，可以提高黄连素在柞蚕丝上的上染率，提高耐摩擦色牢度和耐洗色牢度。

小结

本实验从染色工艺方面对阳离子染料黄连素染色柞蚕丝绸染色性能进行了研究。通过对比加入助剂改性的黄连素和未改性的黄连素对柞蚕丝绸的染色性能，测定各实验组柞蚕丝纤维染色牢度，分析比较两个工艺的优缺点，成功证明了在染色工艺中加入漂白粉和盐酸可以提高天然染料黄连素上染柞蚕丝的耐洗色牢度和耐摩擦色牢度。

并且经过逐次改变单一实验因素并控制其他因素不变的实验方法，进行了对比实验，测试各柞蚕丝纤维实验组的上染百分率，进一步探讨黄连素染料用量、助剂用量对染色性能的影响。最后得到阳离子染料黄连素上染柞蚕丝绸的最佳工艺为：染料用量0.5%（owf），漂白粉用量0.018g，盐酸用量0.3mL。进一步测定了最佳工艺处方上染的试样的耐洗色牢度和K/S值。

参考文献

[1] 杨秀稳，王开苗，袁近.染色打样实训［M］.北京：中国纺织出版社，2009.

[2] 蔡苏英.染整技术试验［M］.北京：中国纺织出版社，2008.

[3] 郑光洪，蒋学军，杜宗良.印染概论［M］.北京：中国纺织出版社，2005.

[4] 周宏湘.真丝绸染整新技术［M］.北京：中国纺织出版社，1997.1.

[5] 布罗德贝特.纺织品染色［M］陈英，译.北京：中国纺织出版社，2004：263-264.

[6] 金咸穰.染整工艺原理［M］.北京：中国纺织出版社，2000.

[7] KNAUL J，HOOPER M，CHANYI C，et al. Improvements in the drying process for wet-spun chitosan fibers［J］. Journal of Applied Polymer Science，1998，69（7）：1435-1444.

[8] 戴学朋，於涛.甲壳素纤维与棉交织纺织物染整工艺初探［J］.天津纺织科技，

2007（3）：17-19.

[9] 胡晓丽，唐人成.甲壳胺纤维的氧漂失重和降解研究 [J].印染，2008（7）：1-4.

[10] 刘德驹，何雪梅.甲壳素、甲壳胺纤维的染整加工 [J].针织工业，2006（3）：46-48.

[11] 朱平，周晓东，王炳，等.甲壳素/棉混纺织物—浴法染色研究 [J].印染助剂，2007（6）：11-13.

[12] 董晓旭.抗菌性能检测方法 [J].塑料科技，2000（2）：30-34.

第八章 柞蚕丝纤维负离子远红外整理工艺及性能研究

第一节 负氧离子远红外概述

一、负氧离子简介

1. 负氧离子

空气在高压或强射线的作用下被电离所产生的自由电子大部分被氧气所获得，因而，常常把空气负离子统称为负氧离子。负氧离子带负电，无色无味。空气负氧离子是一种带负电荷的空气微粒，它像食物中的维生素一样，对人的生命活动有着很重要的影响，所以有人称其为"空气维生素"，有的甚至认为空气负氧离子与长寿有关，称它为"长寿素"。

2. 净化空气作用

随着工业的发展，大气环境中含有大量的带正电的粉尘颗粒，形成雾霾，人体吸入后可产生各种呼吸疾病。负氧离子是带有大量负电荷的氧离子，可中和空气中的带电微尘，使其凝聚而沉淀，从而有效除去空气中的颗粒污染物，达到净化空气的作用。林金明先生编著的《环境、健康与负氧离子》一书讲到：当室内空气中负离子的浓度达到每立方厘米 2 万个时，空气中的飘尘量会减少 98% 以上。所以在含有高浓度小粒径负离子的空气中，PM2.5 中危害最大的直径 $1\mu m$ 以下的微尘、细菌、病毒等几乎为零。负氧离子可中和空气中的细菌、灰尘、烟雾等带正电的微粒，因此，可显著改善室内空气质量。

3. 人体医疗保健作用

工业污染地区、密闭的空调间，所产生的污染物及污染物的液体、固体和各种生物体与空气形成的气溶胶，令人感到不适，甚至头昏、头痛、恶心、呕吐、情绪不安、呼吸困难、工作效率下降，甚至引起一些症状不明的病变。而山林、树冠、叶端的尖端放电，以及雷电、瀑布、海浪的冲击下，形成较高浓度的小空气负离子，使空气清新，使人心旷神怡。据环境学家研究，空气中负氧离子浓度每立方厘米在 20 个以下时，人就会感到倦怠、头昏脑胀；当每立方厘米空气中的负氧离子数在 1000~10000 个时，人就会感到心平气和、平静安定；当每立方厘米空气中的负氧离子数在 10000 个以上时，人就会感到神清气爽、舒适惬意；而当每立方厘米空气中的负氧离子数高达 10 万个以上时，就能起到镇静、止喘、消除疲劳、调节神经等防病治病效果。

为什么负氧离子有保健功能呢？这主要是由于含有负氧离子的空气被人体吸入后，进入人体循环，可调节人体植物性神经、改善心肺功能、加强呼吸深度、促进人体新陈代谢，有利于人体健康。长期可明显改善呼吸系统、循环系统等多项机能，使人精神焕发、精力充沛、记忆力增强、反应速度提高、耐疲劳度提高、稳定神经系统、改善睡眠；又因其带负电荷，呈弱碱性，可中和肌酸，消除疲劳；还可中和人工环境中过多的正离子，使室内空气恢复自然状态，防治空调病。

二、远红外简介

1. 远红外线

在光谱中波长 0.75~1000μm 的一段被称为红外线。红外线的波长范围很宽，根据不同波长范围可分为三部分，即近红外线，波长为 0.75~3μm；中红外线，波长为 2.5~40μm；远红外线，波长为 25~1500μm。

2. 远红外线的保暖作用

远红外线是人和动物生存生长的必要营养，这一波段的远红外线极易被人体所吸收，在人体体温条件下，能高效率地放出波长为 8~14μm 的远红外线，人体吸收后，不仅使皮肤的表层产生热效应，而且还通过分子产生共振作用，从而使皮肤的深部组织引起自身发热的作用。这种作用的产生可刺激细胞活性，促进人体的新陈代谢作用，进而改善血液的微循环，提高机体的免疫能力，起到一系列的医疗保健效果。如保暖、消除疲劳、恢复体力；对神经痛、肌肉痛等疼痛症状具有缓解功能；对关节炎、肩周炎、气管炎、前列腺炎等炎症具有消炎的功能；对肿瘤、冠心病、糖尿病、脑血管病等常见病具有一定的辅助医疗功能；具有抗菌、防臭和美容的功能。特别适用于体弱多病、气虚畏寒的中老人和病患者。

三、负离子整理剂反应原理

（1）水电离反应：$H_2O = H^+ + OH^-$。

（2）电子转移释放气体（电石粉提供电子）$2H^+ + 2e^- = H_2$。

（3）释放水合负氧离子 $OH^- + H_2O = (H_3O_2)^-$。摩擦或条件改变时，负离子整理剂中的电石粉释放电子，水电离产生的 H^+ 得到电子并释放出 H_2，OH^- 形成水合氧负离子。

基于反应原理可看出：水是产生负离子的重要前提基础，提高织物或纤维的吸湿性能，有利于负离子的产生；电子的来源是电石粉，增加织物或纤维中电石粉的含量有利于负离子的产生；反应过程中会释放出 H_2，因此，在局部会形成空气流动现象。

第二节　负离子远红外整理柞蚕丝纤维工艺

一、实验仪器及试剂

1. 实验试剂

柞蚕丝纤维，负离子整理剂，柔软剂，渗透剂，可溶性电石粉，甲壳素等。

2. 实验仪器

烧杯，量筒，分析天平，玻璃棒，水浴锅，负离子检测仪。

二、负离子远红外整理配方及工艺

1. 整理剂

负离子整理剂（纺织品专用整理剂）、水溶性电石粉、甲壳素（或壳聚糖）、柔软剂、渗透剂。

2. 各成分的作用

（1）负离子整理剂（纺织品专用整理剂）：释放负离子及远红外线功能。

（2）水溶性电石粉：水溶性电石粉可克服常规负离子整理剂只能吸附在蚕丝表面的问题，由于其具有水溶性，因此，可以进入纤维内部，增加纤维上负离子整理剂的用量，从而提升负离子释放量，同时水溶性有利于电石粉的溶解，减少其他分散剂的使用。

（3）甲壳素（或壳聚糖）：增加蚕丝的吸湿性能，提高负离子整理剂的水含量，有利于负氧离子的生成，同时，甲壳素或壳聚糖作为天然抗菌剂，可提升柞蚕丝的抗菌性能。

（4）柔软剂：氨基有机硅类柔软剂，可提高柞蚕丝的手感及舒适性。

（5）渗透剂 JFC：降低蚕丝纤维的表面张力，有利于负离子整理剂进入蚕丝纤维内部，提升耐洗性能，同时，增加溶液的稳定性，有利于负离子功能助剂的整理。

3. 配方用量（质量百分比）

负离子整理剂 2%~5%，水溶性电石粉 1%~2%，甲壳素 0.1%~0.5%，柔软剂 2%~3%，渗透剂 JFC 0.05%~0.1%。

4. 整理工艺（图 8.1）

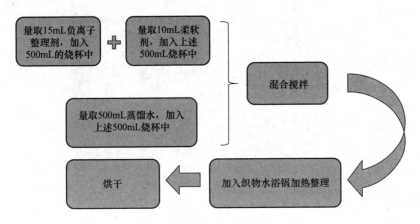

图 8.1　整理工艺过程

量取 15mL 负离子整理剂，加入 500mL 的烧杯中。量取 10mL 柔软剂，加入上述 500mL 烧杯中。量取 500mL 蒸馏水，加入上述 500mL 烧杯中。将上述溶液混合搅拌后，用分析天平准确称量 1.0g 柞蚕丝纤维织物放入混合溶液中。将上述烧杯在水浴锅中加热，设置温度 70℃，处理 40min 后，取出柞蚕丝织物，用蒸馏水洗涤，在 90℃烘干 5min。保留上述剩余的残液，待下次实验使用。

第三节 负离子远红外整理柞蚕丝性能分析

一、各种助剂对负离子发生量的影响

1. 负离子整理剂用量对负离子生成量的影响

负离子整理剂用量分别为 0.1%、0.5%、1.0%、2.0%、3.0%、4.0%、5.0%。其他用量为：水溶性电石粉 1%，渗透剂 JFC 0.05%~0.1%，甲壳素 0.1%，柔软剂 0.3%，醋酸 1%。不同负离子整理剂用量对负离子生成量的影响如图 8.2 所示。

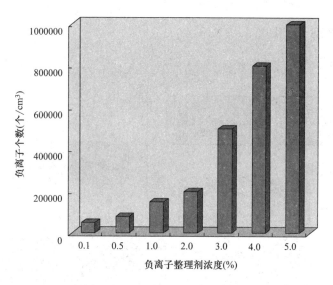

图8.2 不同负离子整理剂用量对负离子生成量的影响

从图 8.2 可看出，随着负离子整理剂浓度的增加，负离子生成量显著增大，当负离子整理剂浓度大于 2.0% 时，负离子生成量显著提高，因此，基于实际负离子发生量的需求情况，可选择负离子整理剂的浓度范围为 2.0%~5.0%。

2. 水溶性电石粉用量对负离子生成量的影响

水溶性电石粉用量分别为 0.1%、0.5%、1.0%、1.5%、2.0%。其他用量为：负离子整理剂用量 2%，甲壳素 0.1%，柔软剂 0.3%，醋酸 1%。不同水溶性电石粉

用量对负离子生成量的影响如图 8.3 所示。

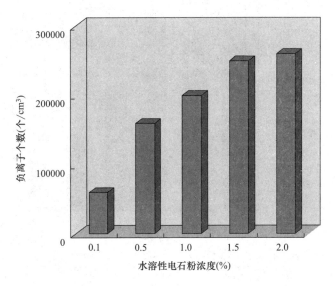

图 8.3 不同水溶性电石粉用量对负离子生成量的影响

从图 8.3 可以看出，随着水溶性电石粉加入浓度的增加，负离子生成量也增加，水溶性电石粉加入量大于 1.0% 时，负离子发生量显著增加，但用量再增大，负离子发生量并没有显著增加。其可能原因是柞蚕丝的内部空隙较少，柞蚕丝内部电石粉量已达饱和。因此，在实际使用时，可选择水溶性电石粉的用量范围为 1.0%~2.0%。

3. 甲壳素用量对负离子生成量的影响

甲壳素用量分别为 0.01%、0.05%、0.1%、0.2%、0.3%、0.4%。其他用量为：负离子整理剂 2%，水溶性电石粉 1%，柔软剂 0.3%，醋酸 1%。甲壳素用量对负离子生成量的影响如图 8.4 所示。

从图 8.4 可看出，随着甲壳素浓度的增加，负离子发生量有所提高，但是，当甲壳素用量再增大时，负离子发生量显著降低。主要原因是织物含有水分时，有利于负离子产生，但当甲壳素增大时，甲壳素带有正电荷，会中和产生的负离子，不利于负离子的产生。因此，在实际使用过程中，需综合考虑抗菌等其他性能，选择甲壳素浓度范围为 0.01%~0.1%。

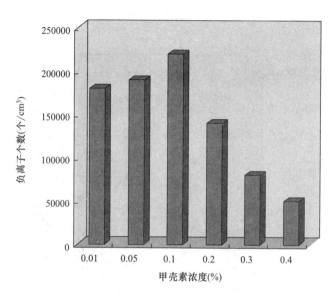

图 8.4　甲壳素用量对负离子生成量的影响

4. 柔软剂用量对负离子生成量的影响

柔软剂用量分别为 0.1%、0.2%、0.3%、0.4%、0.5%。其他用量为：负离子整理剂 2%，水溶性电石粉 1%，甲壳素 0.1%，醋酸 1%。柔软剂用量对负离子生成量的影响如图 8.5 所示。

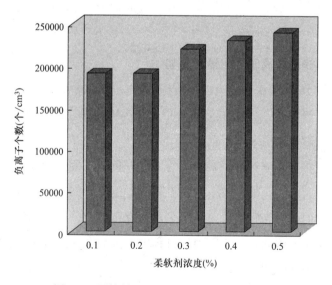

图 8.5　柔软剂用量对负离子生成量的影响

从图8.5可以看出，随着加入的柔软剂浓度增大，负离子发生量有一定提高，但柔软剂的加入对负离子发生量没有太大影响。因此，在实际使用中，可不考虑柔软剂对负离子发生量的影响，柔软剂浓度可根据柔软性能进行选择。

5.渗透剂JFC用量对负离子发生量的影响

渗透剂JFC用量分别为0.01%、0.05%、0.1%、0.15%、0.2%。其他用量为：负离子整理剂2%，水溶性电石粉1%，甲壳素0.1%，柔软剂0.3%，醋酸1%。渗透剂用量对负离子发生量的影响如图8.6所示。

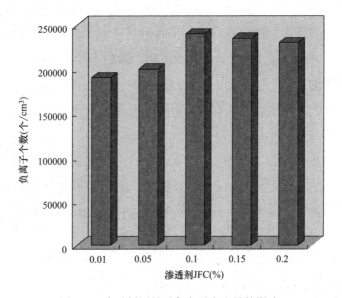

图8.6　渗透剂用量对负离子发生量的影响

从图8.6可以看出，渗透剂用量对负离子发生量有一定影响，其主要原因是渗透剂可降低蚕丝纤维表面张力，有利于整理剂渗透进入纤维内部。从结果也可以看出，加入渗透剂时，负离子发生量有所提高，同时，由于渗透进入纤维内部的整理剂增加，有利于提升负离子蚕丝的耐洗性能。在实际使用过程中，建议渗透剂用量范围为0.05%~0.1%。

二、整理工艺条件分析

1.浴比的影响

实际操作时考虑成本问题，浴比为1∶30即可达到纤维整理需求，因此，建议浴比采用 1∶30。

2. 浸泡时间的影响

为使负离子整理剂等充分进入蚕丝纤维内部，采用先浸泡 30min，达到充分润湿效果后，再升温。

3. 整理温度的影响

基于实际生产，加热温度在 70~90℃ 范围为宜，若采用 70℃ 整理，可考虑延长整理时间。

4. 脱水烘干的影响

负离子整理剂与柞蚕丝在整理过程中部分进入纤维内部，部分附着在蚕丝表面，因此，整理后直接烘干为宜，烘干温度高，则烘干时间少一些。

5. 循环使用的影响

基于实际生产，可在整理后的溶液中加入负离子整理剂 0.5%、水溶性电石粉 0.2%、柔软剂 0.5%，可循环使用 3 次。

因此，将柞蚕丝纤维与整理液按照浴比 1∶30 比例浸入整理液中，先浸泡 30min 后，加热到 70℃，整理 60min 后，脱水，在 90℃ 条件下烘干 10min。使用后的整理液中添加负离子整理剂 0.5%、水溶性电石粉 0.2%、柔软剂 0.5%，循环使用 3 次。

三、负离子远红外整理柞蚕丝抗静电性能分析

测试条件：测试方法为定压法，施加电压为 10000V，终点静电电压/峰值静电电压为 0.5，电机转速为 1500r/min，电机提前转动时间为 15s，高压维持时间为 15s，放电针与织物间的距离为 20mm，传感器与织物间的距离为 15mm。

采用 YG（B）342E 型织物感应式静电测定仪测试整理前后的柞蚕丝织物，结果见表 8.1。从结果可以看出，整理后的柞蚕丝其峰值电压、衰减周期、终点电压明显比整理前的小，且整理后的衰减周期仅为整理前的 30%，具有明显的抗静电功能。其可能原因是负离子整理剂中含有的甲壳素具有吸湿性，提高了蚕丝的吸湿性能，因此，其抗静电效果明显。

表 8.1 整理前后柞蚕丝的抗静电性能测试结果

样品	峰值电压（V）	衰减周期（s）	终点电压（V）
整理前	6191	2.81	3095
整理后	540	0.88	253

四、负离子净化空气测试分析

（1）净化空气原理：负离子整理剂释放出负离子，负离子中和烟气中微小颗粒带的正电荷，减小颗粒间的排斥力，促使烟气中颗粒聚集，从而将烟气沉降，实现空气净化。

（2）操作过程：秤取相同重量的未整理和整理后的柞蚕丝纤维，放入玻璃瓶中，充入香烟烟气（图8.7），测定不同时间时烟气存在的状况。

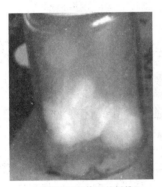  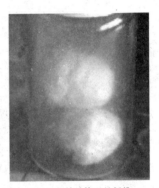

(a) 整理后的柞蚕丝纤维   (b) 空瓶   (c) 整理前的柞蚕丝纤维

图 8.7　刚通入烟气时玻璃瓶的状况

（3）结果：从图 8.7 中可以看出，充入香烟烟气的玻璃瓶中存在大量的烟气，烟气悬浮在瓶中。当充入时间为 2min 时，如图 8.8 所示，含有负离子整理后的柞蚕丝的瓶中，烟气沉降明显，烟气附着在瓶壁上，瓶中烟气悬浮已不明显；未整理的柞蚕丝瓶中，上部烟气悬浮较少，但中部和下部可明显看到悬浮烟气；未含有柞蚕丝的瓶中，烟气悬浮很多。

通过实验可以看出，负离子整理后的柞蚕丝纤维释放的负离子有利于净化空气中的二手烟，具有加快空气中烟气沉降的作用，从而可净化空气。

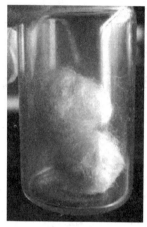

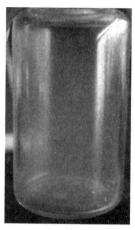

(a) 整理前的柞蚕丝纤维　　　　(b) 整理后的柞蚕丝纤维　　　　(c) 空瓶

图8.8　2min后玻璃瓶中烟气的状况

小结

本论文研究了负氧离子远红外柞蚕丝纤维整理方法和工艺条件，研究结果如下。

（1）随着负离子整理剂浓度的增加，负离子生成量显著增大，当负离子整理剂浓度大于2.0%时，负离子生成量显著提高。

（2）水溶性电石粉的加入，随着加入浓度的增加，负离子生成量也增加，水溶性电石粉加入量大于1.0%时，负离子发生量显著增加，但用量再增大，负离子发生量并没有显著增加。

（3）随着甲壳素浓度的增加，负离子发生量有所提高，但当甲壳素用量再增大时，负离子发生量显著降低。

（4）柔软剂的加入对负离子发生量没有太大影响，随着加入柔软剂浓度的增大，负离子发生量有一定提高。

（5）渗透剂用量对负离子发生量有一定影响，其主要原因是渗透剂可降低蚕丝纤维表面张力，有利于整理剂渗透进入纤维内部，从结果也可以看出，加入渗透剂时，负离子发生量有所提高，同时，由于渗透进入纤维内部的整理剂增加，有利于提升负离子蚕丝的耐洗性能。

参考文献

［1］顾浩.负离子功能整理在涤纶装饰织物上的应用初探［C］.//浙江省印染行业协会.第三届纺织涂层、复合、功能纺织品技术交流会资料集.2007.

［2］张伟，林红，陈宇岳.甲壳素和壳聚糖的应用及发展前景［J］.南通大学学报（自然科学版）.2006，5（1）：29-33.

［3］陈颖.生物酶在染整加工中的应用［C］.//全国生物酶在染整工业中的应用技术交流会，2003.

［4］吴坚，吕丽华，徐建平.柞蚕丝织物的柔软整理方法分析［J］.大连工业大学学报.2009，28（3）：232-234.

［5］谢洪德，王红卫，李宁，等.柞蚕丝织物等离子体处理接枝后性能变化研究［J］.纺织学报.2005，26（5）：28-30.

［6］陈芸.负离子纺织产品的开发［J］.印染.2003，29（2）：29-30.

［7］李义有，夏岩.柞蚕丝织物的产品开发［J］.纺织导报.2005（11）：54-55.

［8］付诚杰.柞蚕丝结构和力学性能的深入研究［D］.上海：复旦大学，2010.

［9］莫世清，陈衍夏，施亦东.负离子纺织品检测方法及应用［J］.染整技术，2010，32（5）：42-47.

［10］刘雷艮.柞蚕丝的结构性能及其抗皱整理［J］.纺织报告，2007（4）：46-48.

［11］许兰杰，郭昕.新型蛋白纤维产品的应用及存在的问题［J］.四川丝绸，2007（2）：17-20.

［12］刘雷艮.柞蚕丝的结构性能及其抗皱整理［J］.纺织报告，2007（4）：46-48.

［13］陈林云.柞蚕丝无缝内衣针织产品的开发研究［D］.天津：天津工业大学，2007.

［14］严建新.蚕丝被产业集聚区标准化的研究与实践［J］.质量与标准化，2010（z1）：53-56.

［15］商成杰，张洪杰.天然纤维织物负离子整理的研究［C］.//功能性纺织品及纳米技术应用研讨会.2002.

［16］顾浩.负离子功能整理在涤纶装饰织物上的应用初探［C］.//全国特种印花和特种整理学术交流会论文集.2006：41-44.

［17］李姝.脂肪酰胺型阳离子表面活性剂的合成和性能研究［D］.无锡：江南大学，2009.

［18］张敏.甲壳单糖表面活性剂的制备及性能研究［D］.青岛：青岛科技大学，2012.

［19］张春明.常压等离子体处理涤纶织物的颜料喷墨印花性能研究［D］.无锡：江南大学，2010.

［20］聂颖，燕丰.国内外乙酸酐的供需现状及发展前景［J］.化学工业，2008，26（1）：27-33.

第九章　中药提取物整理柞蚕丝工艺研究

第一节　中药提取物概述

在注重生活品质、节约能源、增强环保意识的当今社会，人类对于更加舒适、安全、环保、健康的衣物的追求日益提升，受到"返璞归真""回归自然"服饰潮流的影响，越来越多的人们开始进行大范围的中药提取物的染色性能研究。重温历史，古代的织物颜色鲜艳，色谱齐全，用这些织物加工出来的衣物都十分亮眼。那时科技落后，并没有现在的各种化学染剂，我国古代的劳动人民便是通过利用植物、动物中提取出来的天然色素进行染色。经由几代人的聪明才智和经验积累，掌握了多种染色的技术，配制出各种各样的颜色。我们日常使用的中药中都存在着可以上染织物的天然染色剂。除了染色的性能，将中药提取物与柞蚕丝结合在一起，制成生活中常用的衣物、洗浴用品、床上用品等与人类皮肤长时间直接接触的产品，通过皮肤的呼吸作用，使柞蚕丝起到医疗保健的作用，可以用来预防或者治疗疾病。因此，随着人类环保意识的增强及对自身健康的日益重视，以中药为原料的染料的研究和应用再次成为了热点，受到了人们的青睐。

一、提取物成分结构

中药提取物不同于植物提取物，来源于自然界，是在中医理论指导下用来预防、诊断和治疗疾病的天然物，是对中药材的深度加工，具有开发投入较少、技术含量高、产品附加值大、国际市场广泛等优势。几种中药提取物结构式如图9.1~图9.5所示。

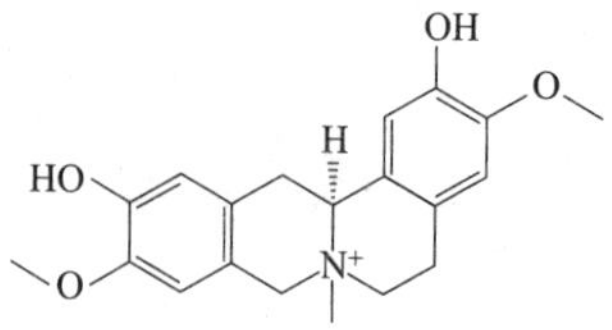

图 9.1　黄柏结构式

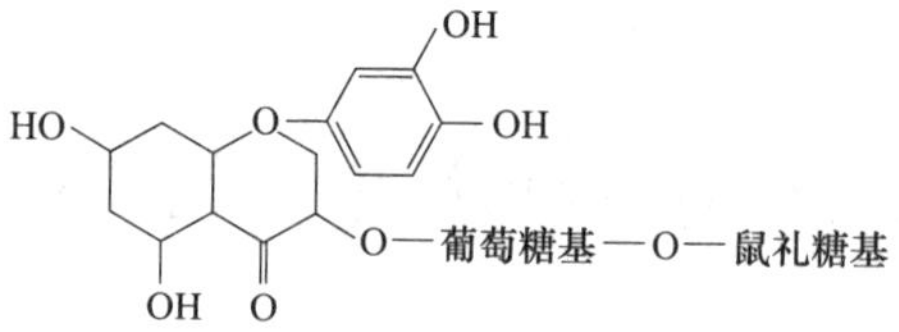

图 9.2　银杏叶结构式

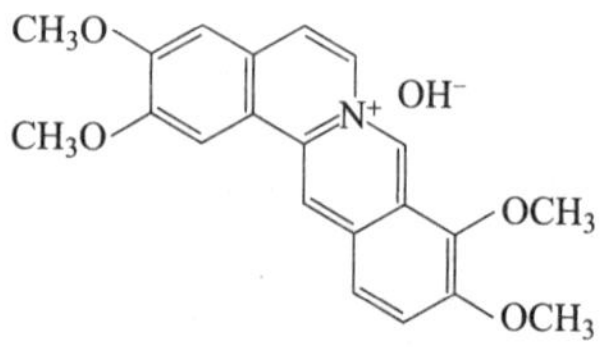

图 9.3　黄连结构式

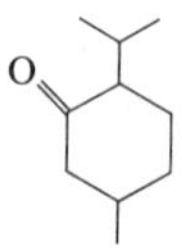

图 9.4　薄荷结构式

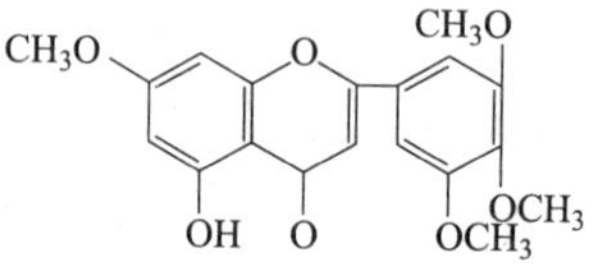

图 9.5　金银花结构式

二、作用功能

中草药，顾名思义，是中医在治疗疾病时所使用的独特药物，使用一些虽然看似简单形态较小的植物，但这些植物却拥有巨大的价值，在医学乃至其他领域都崭露头角。近年来，中草药的信息量急剧增加，在个别植物中发现的植物化学成分的特征往往是多种密切相关的成分，其中许多已在过去几年中进行了详细的研究。

三、中药提取物染整应用

中草药天然染料从生物体中提取，具有良好的环境相容性和生物降解性。而且现代研究表明，中草药天然染料在染色过程中，其药效活性成分、芳香味成分和天然色素一起被织物吸收，使染色后的织物具有特殊的药物保健功能，如抗菌、消炎、防虫、抗过敏、抗氧化、防辐射、降压、促进血液循环等。

黄柏、银杏叶、黄连、薄荷、金银花等中草药都是可再生资源，可谓"取之不尽用之不竭"，不仅具有无毒、无害、自然、色泽柔和等特色，还会对人体有医疗保健的疗效，其药理功能为清热燥湿、泻火解毒、退热除蒸，可改善脑循环，对脑细胞及血脑屏障具有保护的作用，受到广泛消费者的喜爱。

第二节 中药提取物染色柞蚕丝工艺

一、实验药品及仪器

1. 实验药品

柞蚕丝，黄柏提取物，银杏叶提取物，黄连提取物，薄荷提取物，金银花提物，见表9.1。

表9.1 实验材料药品表

药品名称	生产厂家
渗透剂	JFC 邢台鑫蓝星科技有限公司
壳聚糖	安徽远征生物工程有限公司
N-异丙基丙烯酰胺（NIPAAm）	广东翁江化学试剂有限公司
N, N-亚甲基双丙烯酰胺（MBA）	天津市光复精细化工研究所
N, N, N, N-四甲基乙二胺（TMEDA）	国药集团化学试剂有限公司
过硫酸钠（APS）	陕西宝化科技有限责任公司
碳酸氢钠	济南晟轩化工有限公司
冰醋酸	辽宁泉瑞试剂有限公司

2. 实验仪器

实验所用仪器设备见表9.2，另需烧杯若干、锥形瓶若干、量筒、玻璃棒、胶头滴管等。

表9.2 实验所用仪器设备

仪器名称	生产厂家
电子天平（精确到0.001）	上海良平仪器仪表有限公司
恒温加热磁力搅拌器	巩义市予华仪器有限责任公司
恒温水浴锅	巩义市予华仪器有限责任公司
Y801A 型恒温烘箱	中华人民共和国常州纺织仪器厂
CE000A 台式分光光度仪	上海精密仪器有限公司

二、染色工艺

1. 中药提取物直接染色柞蚕丝工艺

称量柞蚕丝纤维1.0g，配制不同浓度的中药提取物溶液，浴比1∶30，加入渗透剂 JFC，常温入染，升温到 70℃，染色 30min，在 90℃烘干 10min，测定 K/S 值。

2. 水凝胶整理染色柞蚕丝工艺

量取 14.25mL 的蒸馏水于烧杯中，加入 0.75mL 的 100%冰醋酸，使冰醋酸浓度降为 5%，称取 0.183g 壳聚糖加入烧杯中，将烧杯置于磁力加热搅拌器中搅拌至完全溶解后，加入 0.55g N-异丙基酰胺搅拌至完全溶解，再加入 0.011g N，N-亚甲基双丙烯酰胺、0.011g 过硫酸铵搅拌均匀，加入 0.22mL N，N，N，N-四甲基乙二胺。分别量取黄柏 0.03g、银杏叶 0.05g、黄连 0.02g、薄荷 0.02g、金银花 0.03g，混合均匀备用。将中药提取物染色后的柞蚕丝纤维加入上述溶液中，溶液成为凝胶状后取出烘干，测定 K/S 值。

第三节　中药提取物整理柞蚕丝性能分析

一、不同 pH 条件下中药提取物对柞蚕丝的染色性能影响

称量柞蚕丝纤维 1.0g，测量中药提取物溶液配制浓度为 0.67g/L，浴比 1：30，渗透剂 JFC 0.1%，常温入染，升温到 70℃，染色 30min，在 90℃烘干 10min，测定 K/S 值。加入醋酸使在酸性条件下重复操作；加入碳酸氢钠在碱性条件下重复操作。以上操作分别应用于 5 种中药提取物，即 5×3 组实验。测定 K/S 值。实验结果如图 9.6 ~ 图 9.15 所示。

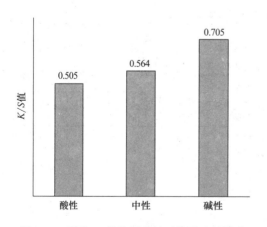

图 9.6　不同 pH 条件下黄柏对柞蚕丝的影响

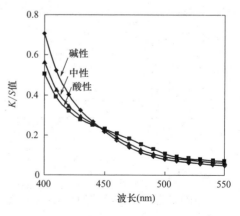

图 9.7　黄柏波长与 K/S 值变化曲线

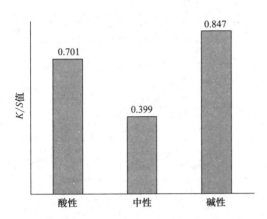

图9.8　不同 pH 条件下银杏叶对柞蚕丝的影响

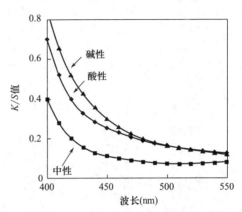

图9.9　银杏叶波长与 K/S 值变化曲线

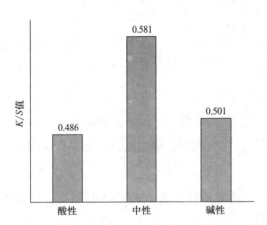

图9.10　不同 pH 条件下黄连对柞蚕丝的影响

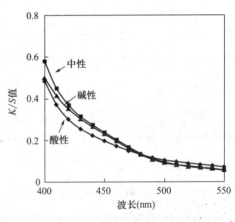

图9.11　黄连波长与 K/S 值变化曲线

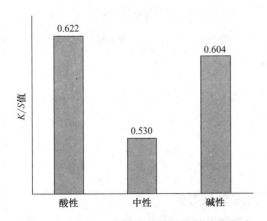

图9.12　不同 pH 条件下薄荷对柞蚕丝的影响

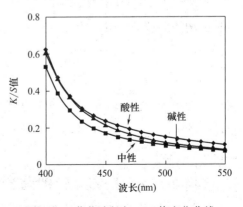

图9.13　薄荷波长与 K/S 值变化曲线

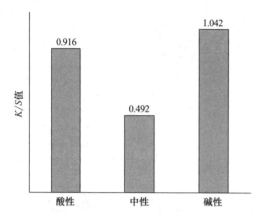

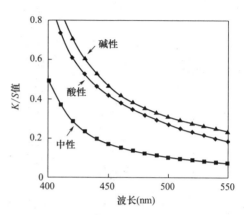

图 9.14 不同 pH 条件下金银花对柞蚕丝的影响　　图 9.15 金银花波长与 K/S 值变化曲线

由图 9.6 可看出，碱性条件下黄柏染色性能最佳；由图 9.7 可以看出，随着波长的增加，被染柞蚕丝的 K/S 值逐渐降低。综合考虑，确定黄柏染柞蚕丝的最佳条件为碱性。

由图 9.8 可看出，碱性条件下银杏叶染色性能最佳；由图 9.9 可以看出，随着波长的增加，被染柞蚕丝的 K/S 值逐渐降低。综合考虑，确定银杏叶染柞蚕丝的最佳条件为碱性。

由图 9.10 可看出，中性条件下黄连染色性能最佳；由图 9.11 可以看出，随着波长的增加，被染柞蚕丝的 K/S 值逐渐降低。综合考虑，确定黄连染柞蚕丝的最佳条件为中性。

由图 9.12 可看出，酸性条件下薄荷染色性能最佳；由图 9.13 可以看出，随着波长的增加，被染柞蚕丝的 K/S 值逐渐降低。综合考虑，确定薄荷染柞蚕丝的最佳条件为酸性。

由图 9.14 可看出，碱性条件下金银花染色性能最佳；由图 9.15 可以看出，随着波长的增加，被染柞蚕丝的 K/S 值逐渐降低。综合考虑，确定金银花染柞蚕丝的最佳条件为碱性。

二、不同酸/碱用量中药提取物对柞蚕丝的染色性能影响

称量柞蚕丝纤维 1.0g，测量中药提取物溶液配制浓度为 0.67g/L，浴比 1∶30，

渗透剂 JFC 0.1%，黄柏、银杏叶、金银花分别在碱性条件下，薄荷在酸性条件常温入染，升温到 70℃，染色 30min，在 90℃烘干 10min，测定 K/S 值。

实验结果如图 9.16~图 9.23 所示。

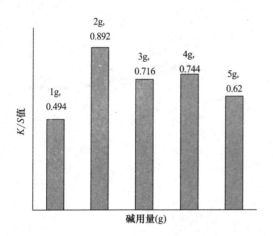

图 9.16　不同酸/碱用量对黄柏的影响

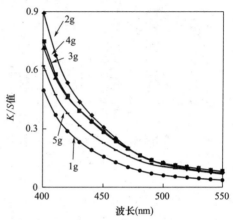

图 9.17　黄柏波长与 K/S 值变化曲线

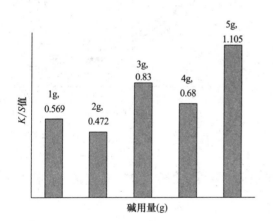

图 9.18　不同酸/碱用量对银杏叶的影响

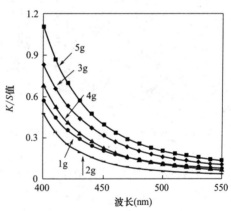

图 9.19　银杏叶波长与 K/S 值变化曲线

由图 9.16 可看出，加入碱 2g 时黄柏上染蚕丝染色性能最佳；由图 9.17 可以看出，随着波长的增加，被染柞蚕丝的 K/S 值逐渐降低。综合考虑，确定黄柏染柞蚕丝的最佳条件为加入碱 2g。

由图 9.18 可看出，加入碱 5g 时黄柏上染蚕丝染色性能最佳；由图 9.19 可以看

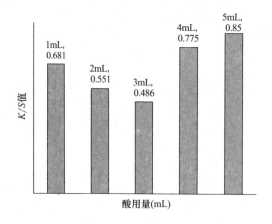

图9.20 不同酸/碱用量对薄荷的影响

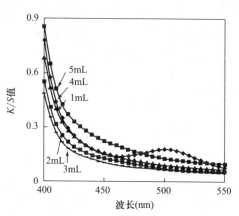

图9.21 薄荷波长与K/S值变化曲线

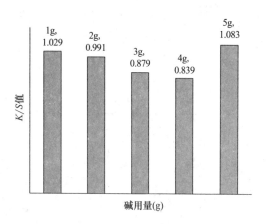

图9.22 不同酸/碱用量对金银花的影响

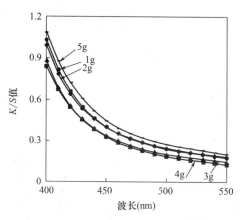

图9.23 金银花波长与K/S值变化曲线

出，随着波长的增加，被染柞蚕丝的K/S值逐渐降低。综合考虑，确定黄柏染柞蚕丝的最佳条件为加入碱5g。

由图9.20可看出，加入酸5mL时黄柏上染蚕丝染色性能最佳；由图9.21可以看出，随着波长的增加，被染柞蚕丝的K/S值逐渐降低。综合考虑，确定薄荷染柞蚕丝的最佳条件为加入酸5mL。

由图9.22可看出，加入碱5g时金银花上染蚕丝染色性能最佳；由图9.23可以看出，随着波长的增加，被染柞蚕丝的K/S值逐渐降低。综合考虑，确定金银花染柞蚕丝的最佳条件为加入碱5g。

三、不同中药提取物染液浓度对柞蚕丝的染色性能影响

称量柞蚕丝纤维 1.0g，溶液配制染料量分别为 2%（owf）、4%（owf）、6%（owf）、8%（owf）、10%（owf），浴比 1∶30，渗透剂 JFC 0.1%，分别在 5 种中药提取物最优 pH 条件时，即黄柏加 2g 碳酸氢钠，银杏叶加 5g 碳酸氢钠，黄连在中性条件下，薄荷加 5mL 醋酸，金银花加 5g 碳酸氢钠，常温入染，升温到 70℃，染色 30min，在 90℃ 烘干 10min，测定 K/S 值。

实验结果如图 9.24 ~图 9.33 所示。

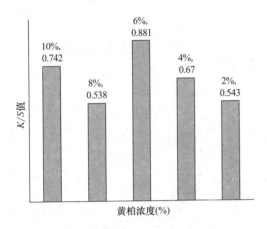

图 9.24　不同浓度黄柏对柞蚕丝的影响

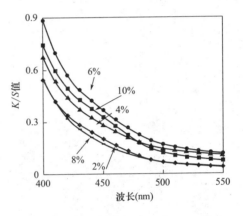

图 9.25　黄柏波长与 K/S 值变化曲线

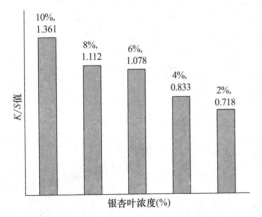

图 9.26　不同浓度银杏叶对柞蚕丝的影响

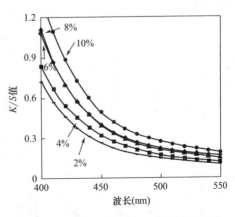

图 9.27　银杏叶波长与 K/S 值变化曲线

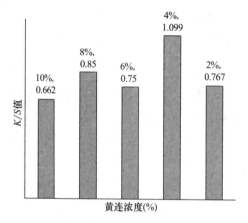

图 9.28　不同浓度黄连对柞蚕丝的影响

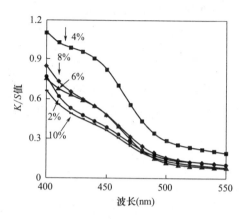

图 9.29　黄连波长与 K/S 值变化曲线

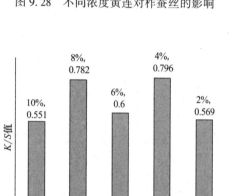

图 9.30　不同浓度薄荷对柞蚕丝的影响

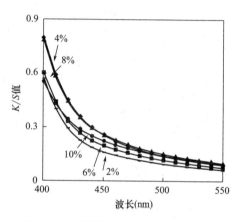

图 9.31　薄荷波长与 K/S 值变化曲线

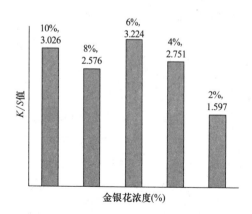

图 9.32　不同浓度金银花对柞蚕丝的影响

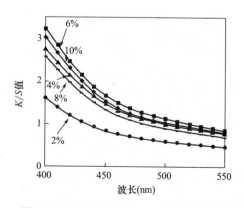

图 9.33　金银花波长与 K/S 值变化曲线

由图 9.24 可看出，染液量 6%（owf）时黄柏上染蚕丝染色性能最佳；由图 9.25 可以看出，随着波长的增加，被染柞蚕丝的 K/S 值逐渐降低。综合考虑，确定黄柏染柞蚕丝的最佳染液量 6%（owf）。

由图 9.26 可看出，染液量 10%（owf）时银杏叶上染蚕丝染色性能最佳；由图 9.27 可以看出，随着波长的增加，被染柞蚕丝的 K/S 值逐渐降低。综合考虑，确定银杏叶染柞蚕丝的最佳染液量 10%（owf）。

由图 9.28 可看出，染液量 4%（owf）时黄连上染蚕丝染色性能最佳；由图 9.29 可以看出，随着波长的增加，被染柞蚕丝的 K/S 值逐渐降低。综合考虑，确定黄连染柞蚕丝的最佳染液量 4%（owf）。

由图 9.30 可看出，染液量 4%（owf）时薄荷上染蚕丝染色性能最佳；由图 9.31 可以看出，随着波长的增加，被染柞蚕丝的 K/S 值逐渐降低。综合考虑，确定薄荷染柞蚕丝的最佳染液量 4%（owf）。

由图 9.32 可看出，染液量 6%（owf）时金银花上染蚕丝染色性能最佳；由图 9.33 可以看出，随着波长的增加，被染柞蚕丝的 K/S 值逐渐降低。综合考虑，确定金银花染柞蚕丝的最佳染液量 6%（owf）。

四、不同渗透剂用量对柞蚕丝的染色性能影响

称量柞蚕丝纤维 1.0g，在各中药提取物最优方案条件下进行实验，浴比 1∶30，渗透剂分别为 JFC 0.1%1 滴、5 滴、10 滴、20 滴、50 滴，常温入染，升温到 70℃，染色 30min，在 90℃烘干 10min，测定 K/S 值。各中药提取物利用单因素法测定时所用工艺见表 9.3~表 9.7。

表 9.3　测定黄柏中渗透剂用量对柞蚕丝染色性能影响的工艺

渗透剂	第 1 组	第 2 组	第 3 组	第 4 组	第 5 组
黄柏（owf）	6%	6%	6%	6%	6%
碳酸氢钠（g）	2	2	2	2	2
JFC（滴）	1	5	10	20	50

表9.4　测定银杏叶中渗透剂用量对柞蚕丝染色性能影响的工艺

渗透剂	第1组	第2组	第3组	第4组	第5组
银杏叶（owf）	10%	10%	10%	10%	10%
碳酸氢钠（g）	5	5	5	5	5
JFC（滴）	1	5	10	20	50

表9.5　测定黄连中渗透剂用量对柞蚕丝染色性能影响的工艺

渗透剂	第1组	第2组	第3组	第4组	第5组
黄连（owf）	4%	4%	4%	4%	4%
JFC（滴）	1	5	10	20	50

表9.6　测定薄荷中渗透剂用量对柞蚕丝染色性能影响的工艺

渗透剂	第1组	第2组	第3组	第4组	第5组
薄荷（owf）	4%	4%	4%	4%	4%
冰醋酸（mL）	5	5	5	5	5
JFC（滴）	1	5	10	20	50

表9.7　测定金银花中渗透剂用量对柞蚕丝染色性能影响的工艺

渗透剂	第1组	第2组	第3组	第4组	第5组
金银花（owf）	6%	6%	6%	6%	6%
碳酸氢钠（g）	5	5	5	5	5
JFC（滴）	1	5	10	20	50

实验结果如图9.34～图9.43所示。

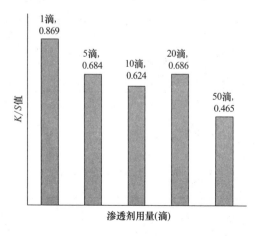

图9.34　不同渗透剂用量黄柏对柞蚕丝的影响

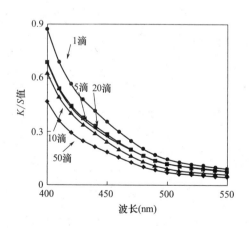

图9.35　黄柏波长与K/S值变化曲线

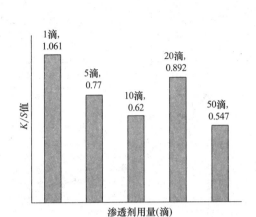

图 9.36 不同渗透剂用量银杏叶对柞蚕丝影响

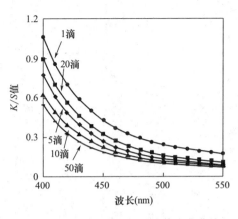

图 9.37 银杏叶波长与 K/S 值变化曲线

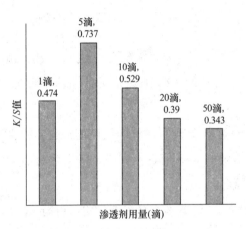

图 9.38 不同渗透剂用量黄连对柞蚕丝的影响

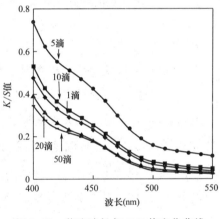

图 9.39 黄连波长与 K/S 值变化曲线

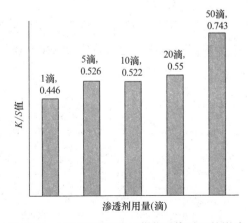

图 9.40 不同渗透剂用量薄荷对柞蚕丝的影响

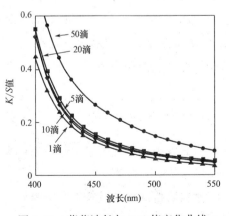

图 9.41 薄荷波长与 K/S 值变化曲线

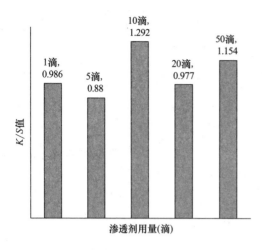

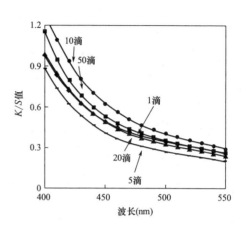

图9.42　不同渗透剂用量金银花对柞蚕丝影响　　图9.43　金银花波长与K/S值变化曲线

由图 9.34 可看出，加入 1 滴渗透剂时黄柏上染柞蚕丝染色性能最佳；由图 9.35 可以看出，随着波长的增加，被染柞蚕丝的 K/S 值逐渐降低。综合考虑，确定黄柏染柞蚕丝的最佳渗透剂用量为 1 滴。

由图 9.36 可看出，加入 1 滴渗透剂时银杏叶上染柞蚕丝染色性能最佳；由图 9.37 可以看出，随着波长的增加，被染柞蚕丝的 K/S 值逐渐降低。综合考虑，确定以银杏叶染柞蚕丝的最佳渗透剂用量为 1 滴。

由图 9.38 可看出，加入 5 滴渗透剂时黄连上染柞蚕丝染色性能最佳；由图 9.39 可以看出，随着波长的增加，被染柞蚕丝的 K/S 值逐渐降低。综合考虑，确定以黄连染柞蚕丝的最佳渗透剂用量为 5 滴。

由图 9.40 可看出，加入 50 滴渗透剂时薄荷上染柞蚕丝染色性能最佳；由图 9.41 可以看出，随着波长的增加，被染柞蚕丝的 K/S 值逐渐降低。综合考虑，确定以薄荷染柞蚕丝的最佳渗透剂用量为 50 滴。

由图 9.42 可看出，加入 10 滴渗透剂时金银花上染柞蚕丝染色性能最佳；由图 9.43 可以看出，随着波长的增加，被染柞蚕丝的 K/S 值逐渐降低。综合考虑，确定以金银花染柞蚕丝的最佳渗透剂用量为 10 滴。

五、水凝胶整理柞蚕丝纤维性能分析

黄柏、银杏叶、黄连、薄荷、金银花加入水凝胶前后对柞蚕丝染色性能影响的对比如图 9.44 所示。

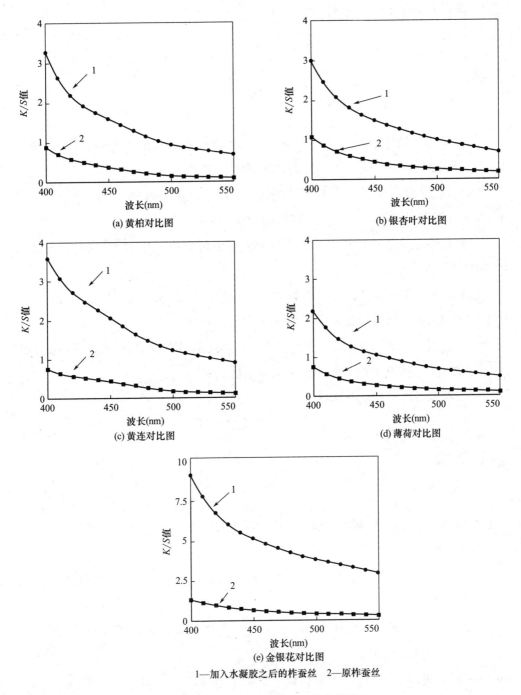

(a) 黄柏对比图

(b) 银杏叶对比图

(c) 黄连对比图

(d) 薄荷对比图

(e) 金银花对比图

1—加入水凝胶之后的柞蚕丝　2—原柞蚕丝

图 9.44　水凝胶整理柞蚕丝染色性能

观察对比图 9.44 可得，波长越大，两种情况下柞蚕丝的 K/S 值均呈下降趋势，在同一波长下经过水凝胶整理的柞蚕丝比原柞蚕丝 K/S 值大。

小结

（1）黄柏上染柞蚕丝最佳工艺条件为：溶液配制染料量为 6%（owf），浴比 1：30，渗透剂 JFC 0.1% 1 滴，加 2g 碳酸氢钠。

（2）银杏叶上染柞蚕丝最佳工艺条件为：溶液配制染料量为 10%（owf），浴比 1：30，渗透剂 JFC 0.1%1 滴，加 5g 碳酸氢钠。

（3）黄连上染柞蚕丝最佳工艺条件为：溶液配制染料量为 4%（owf），浴比 1：30，渗透剂 JFC 0.1%5 滴，中性条件。

（4）薄荷上染柞蚕丝最佳工艺条件为：溶液配制染料量分别为 4%（owf），浴比 1：30，渗透剂 JFC 0.1%50 滴，加 5mL 醋酸，常温入染。

（5）金银花上染柞蚕丝最佳工艺条件为：溶液配制染料量为 6%（owf），浴比 1：30，渗透剂 JFC 0.1%10 滴，加 5g 碳酸氢钠。

（6）经水凝胶整理柞蚕丝后，柞蚕丝 K/S 值增大。

参考文献

［1］张奇鹏，张玲玲.天然染料黄连对棉织物的染色研究 ［J］.染整技术，2012，34（06）：9-11.

［2］朱利霞.中药天然染料的开发和应用初步研究 ［D］.成都：成都中医药大学，2009.

［3］范云丽，徐华凤，王雪燕.天然染料的应用现状及发展趋势 ［J］.成都纺织高等专科学校学报，2016，33（01）：158-163.

［4］李艳丽.生物高分子水凝胶的制备与表征 ［D］.南京：东南大学，2016.

［5］吕丽华，杨丽娜.天然植物染料黄连对棉针织物染色性能研究 ［J］.针织工业，

2009 (08)：61-63.

[6] 周建钟，赵琦君，陈如祥，等.银杏叶化学成分提取状况及其开发利用 [J].江西林业科技，2009 (03)：35-37.

[7] 何牧.中草药染色在现代服装中的研究与设想 [J].艺术科技，2017，30 (01)：166-167.

[8] BARLOW D J, BURIANI A, EHRMAN T, et al. Insilico studies in Chinese herbal medicines' research：Evaluation of insilico methodologies and phytochemical data sources, and a review of research to date [J].Journal of Ethnopharmacology, 2012, 140 (3).

[9] 邓赟，朱利霞，唐怡，等.中草药天然染料的开发和应用 [J].中药材，2008 (09)：1448-1451.

[10] QIN S, DANSO B, ZHANG J, et al. MicroRNA profile of silk gland reveals different silk yields of three silkworm strains.[J].Gene, 2018, 653.

[11] 杨陈.柞蚕丝结构性能分析 [J].国际纺织导报，2016，44 (04)：18-20，22.

[12] 李媛，李美真.天然植物染料在柞蚕丝染色中的应用 [J].天津纺织科技，2016 (01)：45-46.